高等化工过程强化

GAODENG HUAGONG

GUOCHENG

QIANGHUA

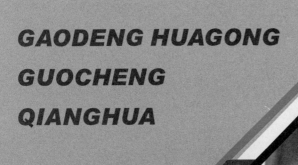

主 编◆刘作华 陶长元 张 骞

重庆大学出版社

内容提要

化工过程强化就是在实现既定生产目标的前提下,通过大幅度减小生产设备的尺寸、减少装置的数量等方法来使工厂布局更加紧凑合理,单位能耗更低,废料、副产品更少。本书主要介绍了化工过程强化的发展历程、流体混沌混合强化、微波强化技术、催化过程强化、膜分离技术及应用、超声波化工技术、超重力化工过程强化、电场强化技术等。以期读者通过系统的学习,深入了解化工过程强化的核心概念、原理和应用。

本书可作为高等院校化学工程与技术、化工机械、动力工程等相关专业高年级本科生、研究生的教材,也可供从事化工生产的技术人员和管理人员参考。

图书在版编目(CIP)数据

高等化工过程强化 / 刘作华,陶长元,张骞主编
. -- 重庆 : 重庆大学出版社,2024.1
ISBN 978-7-5689-4398-7

Ⅰ.①高… Ⅱ.①刘… ②陶… ③张… Ⅲ.①化工过
程 Ⅳ.①TQ02

中国国家版本馆 CIP 数据核字(2024)第 029892 号

高等化工过程强化

主 编 刘作华 陶长元 张 骞
策划编辑:杨粮菊

责任编辑:杨粮菊 版式设计:杨粮菊
责任校对:刘志刚 责任印制:张 策

*

重庆大学出版社出版发行
出版人:陈晓阳
社址:重庆市沙坪坝区大学城西路 21 号
邮编:401331
电话:(023)88617190 88617185(中小学)
传真:(023)88617186 88617166
网址:http://www.cqup.com.cn
邮箱:fxk@ cqup.com.cn(营销中心)
全国新华书店经销
重庆正文印务有限公司印刷

*

开本:787mm×1092mm 1/16 印张:10.25 字数:265 千
2024 年 1 月第 1 版 2024 年 1 月第 1 次印刷
ISBN 978-7-5689-4398-7 定价:39.00 元

前言

随着科技创新和化工产业的发展,化学工业在世界各国的国民经济中逐渐占据重要的位置。自 2010 年起,我国化学工业经济总量居全球第一位。当前,我们正面临着更为严峻的环境和资源压力,化工过程强化作为一种解决方案,已成为提高生产效率、降低资源消耗、实现可持续发展的关键工具。

化工产业的高质量发展和高效率运行,对推进《中国制造2025》纲领和实现"双碳"战略至关重要。然而,随着原材料和能源的需求不断增加,为了更有效地利用有限的资源和降低能源成本,化工生产必须寻求更高效的工艺技术和操作方式,须要达到更加环保、低碳的目的,以减少对生态系统的不良影响。因此,人们对于提高化工生产效率、减小环境负担的需求日益迫切,应加强对化工从业人员和相关专业学生的教育培训,促进知识的传播与交流,推动化工过程强化领域的不断创新和进步。

本书内容共八章,主要介绍了化工过程强化的发展历程、流体混沌混合强化、微波强化技术、催化过程强化、膜分离技术及应用、超声波化工强化技术、超重力化工过程强化、电场强化技术等。以期读者通过系统的学习,深入了解化工过程强化的核心概念、原理和应用。从基础理论到工程实践,本书将引导读者逐步掌握化工过程强化的关键要素,包括但不限于新型反应工艺、材料创新、设备设计、能源效率和环境友好性等方面的内容。

参与本书资料整理的有王松松、熊黠、姚远、唐小余、杨洁、蒙彤、李安琪、李文韬、田仪娟、吴志昊等博士研究生,在此表示衷心的感谢!

本书由国家自然科学基金项目"搅拌反应器内局域多混沌吸引子耦合与流体混合智能强化规律(22078030)"、中央高校基本科研业务费"混沌电解强化节能减排与智能装备研发(2022CDJQY—005)"、国家自然科学基金创新研究群体项目"多相反应流传递与转化调控(52021004)"、国家重点研发计划课题"电解锰渣复盐解耦与全组元梯次利用技术(2022YFC3901204)"、重庆市研究生教改重大项目"绿色化学与

1

智慧化工融合发展的研究生创新人才培养模式探索与实践（YJG231002）"、重庆市重大教改项目"产业高质量发展背景下化学化工类人才培养体系建设与改革研究（231005）"资助，在此表示感谢。

本书可作为高等院校化学工程与技术、化工机械、动力工程等相关专业高年级本科生、研究生的教材和参考书，为培养下一代化工专业人才提供坚实的理论基础；也可供从事化工生产的技术人员和管理人员作为培训用书及参考资料。由于编写时间仓促，且限于作者学识水平，书中不足之处在所难免，恳请广大读者批评指正。

编　者

2023 年 10 月

目录

第 1 章
绪 论

1.1 化工过程强化的建立与发展

1)化工过程

化工过程(chemical process)即化学工业的生产过程,是研究化学工业和其他过程工业生产中所进行的化学过程和物理过程共同规律的一门工程学科。其内容主要包括单元操作、化学反应工程、化工系统工程等方面。化工过程作为一类生产过程,其内涵就是:在现代人类的认识水平上,追求化工生产过程的高效率,也就是过程的快速和安全、能量的节约、原料的多元、产品的高质、环境的保护等方面的协调一致。必须明确的是:

①化工过程是一个实际的宏观生产过程,对这一过程的直接描述或表征,是基于宏观层次的,也只能是宏观层次的。

②化工过程显然是与时间因素相关的。

因此,化工过程是一类"动力学过程",而不是热力学意义上的过程。

2)过程强化

所谓过程强化(process intensification,PI),就是"强化与提高生产过程"。第一,这一过程是泛指实际工业生产过程。同时,这一过程具有宏观性、时效性、复杂性、系统性等特性。这里的"复杂性、系统性"是指实际工业过程包含若干的单元操作和步骤(系统性);而每一宏观操作单元和步骤中都包含若干的基元步骤,并且这些基元步骤间可能是相互作用和影响的(复杂性)。第二,过程的强化,是指通过技术手段,提升过程的效率。技术手段主要包含过程工艺的革新、装备的创新等。因而,过程强化概念就是:在实现既定生产目标的前提下,通过大幅度减小生产设备的尺寸、减少装置的数目等方法,使过程布局更加紧凑合理,单位能耗更低,废料、副产品更少,并最终达到提高生产效率、降低生产成本,提高安全性和减少环境污染的目的。

目前,过程强化主要涉及传质过程、传热过程、分离过程和混合过程四大类,具体可细分为微流控技术、微混合技术、现代蒸馏技术、膜分离技术、连续色谱技术、超重力技术、超声技术、微波技术等。

3）化工过程强化

化工过程强化（chemical process intensification）只是众多工业生产过程强化中的一类，从字面上可理解为"化工过程的强化"或"化工的过程强化"。"化工过程的强化"和"化工的过程强化"之间的差别不大，一般情况下没有区分的必要。如要严格区分，"化工过程的强化"更注重某一特定化工过程的强化技术问题；而"化工的过程强化"，也就是"化学工程的过程强化"，则是在更广泛的意义上讨论化学工程中的过程强化原理和技术。从应用和技术层面上来说，"化工过程强化"更偏向于理解为"化工过程的强化"；从理论研究的层面上来说，"化工过程强化"则更偏向于理解为"化工的过程强化"。基础研究时，更多的是面向"化工的过程强化"。

目前，更多的是从技术层面上认识"化工过程强化"，因此一般称为"化工过程强化技术"。这是指以化工基本单元操作过程为对象，通过过程工艺和装备创新，革命性地提高化工过程效率。

1.2　化工过程强化发展历程

"过程强化"一词首次提出是在 1973 年波兰出版的一本杂志上。而后，英国科学家 Ramshaw 团队，将超重力强化技术成功推广应用于乙醇与异丙醇和苯与环己烷分离，这标志着过程强化技术的正式诞生。然而，直到 1995 年前，化工过程强化的概念还没有得到一个大家都认同的明确定义。它首次正式被定义是在 1995 年第一届化工过程强化国际会议举办期间，由 Ramshaw 提出，主要内容为"在达到既定生产目标的前提下，大幅缩减工厂规模和尺寸"。随后，Stankiewicz 和 Moulijn 在 2000 年对这一概念进行了拓展，他们认为过程强化应该包括设备和工艺技术的发展。在加工和制造过程取得巨大发展的同时，可以大幅减小设备尺寸、产能比、能耗和尾废，最终形成更经济且可持续的工艺。因此，他们将过程强化的概念界定为"任何能带来更小、更清洁、更节能技术的化学工程发展都是过程强化。"另外，他们还将该领域划分为了两部分：过程强化设备（process intensifying equipment）和过程强化方法（process intensifying method）。2001 年，美国工程基金会（United Engineering Foundation，UEF）、美国科学基金会（National Science Foundation，NSF）、美国化学工程师学会（American Institute of Chemical Engineers，AIChE）在意大利联合召开了名为"化学工程新热点"（*Refocusing Chemical Engineering*）的研讨会，确定化工过程强化是化学工程的优先发展领域之一。2017 年，Kim 等人对化工过程强化这一课题进行了讨论，他们认为模块化化工过程强化是一种可大幅提升化工过程中能源使用率和工艺效率的工具。

1.3　化工过程强化的本质及理论出发点

实际上，由 Ramshaw 所定义的过程强化概念"在达到既定生产目标的前提下，大幅缩减工厂规模和尺寸"，更像是过程强化的目标。对于如何实现这一目标，则需要明确过程强化的本质。

化工过程一定是在某种容器或装置中进行的动力学过程,这就表明,化工过程是在某种系统/体系中发生的动力学过程。另外,虽然化工过程种类繁多,但都可归结为"三传一反",即某一宏观化工过程都是由质量传递、热量传递、动量传递和化学反应过程组成的,并且它们之间相互作用、相互影响。因此,"化工过程"可进一步理解为:包含"三传一反"基本过程及相互作用的动力学系统。从表观上看,所谓的"化工过程强化",其"强化"目标宏观上指化工过程的高效化;从机制和方法上来说,"强化"应是对"三传一反"基本过程及其相互作用的影响和调控。例如,由 Ramshaw 定义的概念中提及大幅缩减工厂规模和尺寸,其尺寸和规模的减小可归结为:

①传热和传质系数的增加。

②装置体积中比接触面积(传质界面面积)的增加。

③局部驱动力增加(浓度差、温差等)。

具体而言,针对"三传一反"基本子过程,强化的途径有三类:

第一是"强化反应过程":主要是在反应过程中加入催化剂,改变反应机制。从这个意义上来说,化工过程强化的化学途径是催化。

第二是"强化传递过程":主要是物理强化途径。

第三是"强化化工过程装备":主要是指另一条实际具体途径,即"装备创新"。

1.4 化工过程强化与非线性

化工过程首先是包含"三传一反"基本过程及相互作用的开放动力学系统,该动力学系统与环境之间存在着物质、能量的交换。其次,化工过程与时间因素相关联,意味着这一开放系统中发生的基本过程必定都是不可逆过程。因此,对于"化工过程",可视为是"发生着不可逆基本过程的开放系统",从而"化工过程"和"化工过程强化"的概念及本质也只能在非平衡态热力学理论框架下加以认识和理解。

1.4.1 化工过程强化的非平衡态热力学基础

1)经典热力学极限(平衡态)不是化工过程强化的终点

非平衡态热力学表明,在远离平衡的条件下,当系统内部存在适当非线性动力学机制时,其系统的最终状态不仅不是唯一的(即存在多重态),而且是可以随时间和空间发生变化的(即不是平衡态,而是非平衡定态)。这一结论说明,针对某个化工过程,"强化"所导致的最终状态,从一般意义上来说,并不是经典热力学意义下的平衡态,而可能是具有时间和空间特性的非平衡定态;"强化"并不是减少化工过程到达热力学极限(平衡态)的时间。化工过程强化的"革命性"应该是来源于对经典热力学极限的"突破"。

线性非平衡态热力学告诉我们,在非平衡的线性区域(即近平衡区域),最小熵产生原理保证了其非平衡定态的稳定性,从而不可能出现耗散结构;系统的最终极限状态(非平衡定态)与系统的内部动力学机制无关。这一结论表明,在非平衡的线性区域,化工过程不可能出现"革命性"的宏观变化,从而"强化"的效果也是有限的,甚至是微小的。因此,从一般意义上来说,"化工过程强化"不发生、不存在于非平衡的线性区域中。

非线性非平衡态热力学已证明,当系统远离平衡(即存在于非平衡的非线性区域)时,由于系统内部非线性动力学机制的作用,导致系统失去稳定性,从而产生新的具有时空特性的非平衡定态(即耗散结构)。这一结论表明:在非平衡的非线性区域,化工过程才可能出现"革命性"的宏观变化。因此,只有在非平衡的非线性区域,才能存在"强化"的意义、价值和效果。

2)化工过程强化的出发点是基本过程的相互作用

非线性非平衡态热力学表明:在动力系统中,只有同时存在两个或两个以上包含非线性动力学机制的基本过程,并且它们之间有适当的相互作用(一般而言是非线性的相互作用),在远离平衡的条件下系统才能最终演化发展成为具有特定时空特性的非平衡定态。

针对某一特定"化工过程"的动力系统,其中自然存在着"三传一反"的多个基本动力过程。事实上,就是针对化学反应,在一个系统中也必然存在多个化学反应基本过程,如多个基元反应步骤。同时,普遍意义上存在的是包含非线性动力学机制的基本过程,而包含线性动力学机制的基本过程应仅是特例。因此,宏观"化工过程"的动力系统,内部包含丰富的非线性动力学基本过程,这就为化工过程的"强化"提供了基础。

但是,要产生某一特定化工过程的"强化"效果,这些基本过程之间不能是独立的,它们必须相互作用、相互影响,而且这种相互作用是"非线性"的,即相互作用的机制是非线性的。这种相互作用也称为"耦合",耦合是指基本过程之间的相互作用、相互影响。因此,针对某一特定"化工过程",其基本非线性动力过程之间适当的非线性耦合,才是能够实现"强化"效果的基本出发点。

3)化工过程的强化途径来源于非线性耦合机制

综上所述,某一特定"化工过程"的"强化"效果是宏观的,而基本非线性动力过程之间适当的非线性耦合,是导致这一"强化"效果的出发点和理论依据。由此,宏观的"强化"途径、方法也隐藏在非线性耦合机制中。目前,"化工过程强化"的技术途径和方法还缺乏基础理论的支撑和指引,主要依靠经验。从非线性非平衡态热力学来看,化工过程强化的途径主要有如下两种:

一是针对某个具体的宏观化工过程,在认识和确定其内部存在非线性基本子过程,并且基本子过程间存在非线性耦合机制的基础上,通过宏观非平衡条件的调控,达到所预想的宏观"强化"效果。

二是针对某个具体的宏观化工过程,在确认其内部缺乏适当基本子过程和非线性耦合机制时,根据预设强化目标,在这一"宏观化工过程"的动力系统中引入适当的非线性基本子过程和非线性耦合机制,再通过非平衡条件的调控,达到所预想的宏观"强化"效果。简而言之,就是通过基本非线性子过程的引入、基本子过程间非线性耦合机制的建立,以及非平衡条件的调控,来实现化工过程的强化。

从目前化工过程强化的研究和发展趋势看,第二条途径才是普遍和根本的。必须注意的是,非平衡态热力学只是在认识论上指明了"强化"的途径,是认识论的问题;而"强化"途径的具体实现还需要非线性动力学理论的支撑,是方法论的问题,因此从本质上说,化工过程强化是非线性动力学的范畴。

1.4.2　化工过程强化的非线性动力学探索

1)催化过程非线性动力学

从宏观现象上讲,催化剂的加入改变了化学反应速率,因此催化属于化学反应动力学的范畴,催化是一门化学动力学分支学科。关于催化作用的认识,至今仍然是建立在经典平衡态热力学基础之上的。基于经典平衡态热力学理论下的催化作用的一般原理表明:催化剂的存在不改变化学反应的方向,不影响化学平衡;催化剂不能改变反应体系的标准摩尔吉布斯自由能的变化值;催化剂只是缩短到达平衡所需的时间,而不能移动平衡,更不可能实现平衡态热力学上不能自发进行的化学反应。

然而,现代非平衡态热力学已表明,针对开放的化学反应体系,在远离平衡、存在适当内部非线性机制的情况下,其反应的最终状态(非平衡定态)不仅是非唯一的,而且是可以随时间和空间变化的。最终状态(非平衡定态)受控于动力学。因此,在非平衡态热力学意义下,没有化学平衡的限制,催化剂的加入,可更加丰富化学反应的非线性机制,从而导致形成更新颖的复杂性现象。

在远离平衡的非平衡条件下,已无经典的化学平衡可言,也无反应的"方向"和"限度"可言,催化剂的加入,可改变反应的进程。在反应体系存在适当内部非线性机制的情况下,催化剂的存在更加丰富了其非线性机制,更能改变化学反应的最终结果。催化剂的存在,加速了化学反应过程。从过程强化的概念上讲:催化是强化化学反应动力学过程的化学方法。

2)萃取过程非线性动力学

萃取过程的效率取决于萃取热力学和萃取动力学两方面。从热力学角度来看,传统萃取过程的瓶颈在于萃取剂的物化性质可调范围小、分子辨识能力弱,导致对于结构相似物质的萃取选择性低、选择性与容量难以兼顾。从动力学角度来看,往往需利用外部能量在液滴内部或液滴周围产生高强度的湍动,增大液滴内外的传质系数或传质面积,降低传质阻力,提高传质速率。所以,各种萃取强化技术的基本思路是围绕其中一方面或两方面同时展开。从热力学角度看,不同的萃取剂,其主要热力学差异是化学势的不同。因而,针对某种具有适当结构和特性的萃取剂,从动力学角度去理解,可能才能真正发挥其作用和价值。

另外,实际的萃取过程,事实上是一典型的非平衡过程,基于平衡态热力学的分配定律,并不是实际萃取过程的极限。更为重要的是,实际的萃取过程是一典型的非线性动力过程,在远离平衡的条件下,才能看到其"非线性效应"。认识非平衡条件下萃取过程中的基本传质、反应步骤,以及相互作用,建立相应数理模型,研究萃取过程熵产生、超熵产生等物理量的变化行为和规律,分析非平衡特性对萃取过程的作用影响(稳定性分析),将在非平衡态热力学意义上深化对萃取过程的科学理解。基于远离平衡条件下萃取过程的数理方程的求解,探索初始条件和边界条件对求解类型的影响,确定适当基本步骤的耦合所导致"非线性"作用,将进一步在非线性热力学意义上深化对萃取过程的科学理解。

在实际萃取操作中,适当结构和特性萃取剂为提高萃取效率提供了可能性(必要条件),而提高萃取效率的现实性(充分条件)来源于非线性动力学机制和远离平衡的条件。目前,实际萃取过程效率低的问题,主要是由于对其非线性动力学机制和作用认识不清所导致的,并不是来源于萃取剂的选择。

从平衡态热力学意义上来说,萃取效率来源于分配定律,化学势决定了物质传输的方向和限度,即某一物质总是从化学势高的相向化学势低的相传输,直到化学势相等。因此,"萃取过程强化手段或技术"的本质是:构建适当的非线性过程,内含适当的非线性机制。

第2章
流体混沌混合强化

2.1 混沌及混沌混合简介

混沌是指一种貌似无规则的运动,在确定性非线性系统中,不需附加任何随机因素也可出现类似随机的行为(内在随机性)。混沌的最大特点就在于系统的演化对初始条件十分敏感。因此,从长期意义上讲,系统的未来行为是不可预测的。

混沌是一门研究非线性系统动态行为的新型学科。其基本观点是:简单确定的非线性系统可产生确定的非线性行为,也可产生不稳定但有界的貌似随机的不确定现象。由于混沌系统对初始条件的极端敏感性,本质上是不可长期预测的。但是混沌并非混乱,并不等同于概率论中的随机现象,它的本质上是确定性系统产生的行为。因此,混沌现象的发现开创了科学模型化的一个新典范。一方面它意味着预测能力受到了根本性的限制,在确定性系统中,混沌的动力学特性能够放大微小的差异,导致系统长期行为的不可预测;另一方面,混沌现象所固有的确定性表明,许多随机现象实际上比过去想象的更容易预测。混沌理论表明,并非所有的貌似随机的行为都是由复杂系统产生。由于受非线性因素的影响,有少数自由度的系统也可以产生复杂的行为。过去人们不能理解许多过分复杂且看似随机的信息,实际上,这些信息可用简单的法则加以解释。

以牛顿力学为核心的经典理论以其完整的理论体系、科学观和方法论影响了学术界长达几个世纪。长期以来,人们在认识和描述运动时,总是将运动分为两种类型:确定性运动和随机性运动。在牛顿创立经典力学后的很长一段时间内,自然科学家都认为,一个确定性的系统在确定性激励下,响应也是确定的。牛顿和拉普拉斯都指出,只要建立了方程,就可依据初始条件来确定以后的运动。经典牛顿力学理论是遵循定律的、确定的、和谐有序的运动。确定性系统的行为是完全可以研究的、可以预言的,它构成了确定论的框架,从牛顿到拉普拉斯,对客观世界的描述是一幅完全确定的科学图像。爱因斯坦的相对论证实了牛顿的绝对时空观;量子力学的创立,揭示了微观粒子运动的随机性和不确定性;决定论框架中的随机性研究引出了混沌动力学的发展;混沌学深入的研究指出:世界是确定的、必然的、有序的,但同时又是随机的、偶然的、无序的,有序运动会产生无序,无序的运动又包含着更高层次的有序。现实世界是确定性和随机性、必然性和偶然性、有序和无序的辩证统一。混沌理论的建立,为长期在自然科学中并存而在一定程度上对立的确定性论(必然性)和随机论(偶然性)两种观点的统一开辟了道路。

早在 19 世纪末,法国数学家庞加莱就曾预言过混沌运动的一些行为,但由于受到主客观条件的限制,他的预言没有引起更多的注意。1963 年洛伦兹在分析天气预报模型中的大气对流时第一次发现混沌,得出气象不可预测的结论。他由二维的热对流运动偏微分方程出发,经过傅里叶分解、截断,并进行无量纲化,得出一个三阶的常微分方程组。

$$\frac{\mathrm{d}x}{\mathrm{d}t} = -\sigma(x - y) \tag{2.1}$$

$$\frac{\mathrm{d}y}{\mathrm{d}t} = -xz + rx - y \tag{2.2}$$

$$\frac{\mathrm{d}z}{\mathrm{d}t} = xy - bz \tag{2.3}$$

方程右端无时间变量,它是一个完全的三阶常微分方程组。3 个参数 σ(普兰德尔数),r(瑞利数与其临界值之比),b 为正实数,如果取 $b = 8/3$,$\sigma = 10$,改变参数 r。若 $r<1$,其解的性质趋于无对流的稳态;若 $r>1$,其解为非周期的,看起来有些混乱。这就是在耗散系统中,一个确定的方程却能导出混沌解的第一个实例。2000 年,《自然》(*Nature*)杂志发表论文"*The Lorenz Attractor Exists*",首次从数学角度严格证明了洛伦兹吸引子在自然界中存在。对上述方程组的数值积分表明,它的解在 (x, y, z) 空间中无限趋近于后来被称为"奇怪吸引子"中的一个吸引子,它在两个固定点周围来回盘旋,盘旋的圈数貌似无规则,因而无论 $x(t)$,$y(t)$ 或是 $z(t)$ 都是只具有统计规律性的随机过程。

同时,洛伦兹还揭示出混沌现象具有不可预言性和对初始条件的极端敏感依赖性这两个基本特点,并发现表面上看起来杂乱无章的混沌,仍然有某种条理性。这些理论在被冷落了12 年之久以后才得到广泛承认,并很快引发研究混沌的热潮。从此,人们认识到即使确定性系统受到确定性激励,响应也是不能确定的,这是对初始条件很敏感造成的,使混沌的研究得以发展。

2.2　混沌混合理论

一般而言,根据搅拌雷诺数值大小的不同,可将搅拌槽内流体的流动状态分为湍流区和层流区(低雷诺数区)。研究表明,近 70% 的能量耗散在搅拌桨尖端部分,形成局部端湍流区。在湍流区,常常存在着非定常、拟序涡的运移行为,易在边界层区域形成多尺度拟序结构,流体常常以马蹄涡、涡卷、螺旋涡、线涡、发夹涡、涡环的流动形式,将能量传递到周围流体,从而实现槽内流体的混合。这种具有典型拉格朗日广义拟序结构的流动模式,在边界层内的流体也具有运输特性,表现为典型的远离平衡态的多尺度非线性演变过程,这必然导致流域内呈现出混沌现象。混沌混合现象的发生使流体的运移过程呈现出表观上的无序性以及内在的规律性。

美国学者 H. Aref 首次将混沌概念引入流体力学领域内,并发现流域内流体运动轨迹越复杂时,其流体流动易发生对流,当这种状态维持到一定时间后,流体的流动轨迹会变得杂乱无序,称这种流动模式为混沌混合。具体来讲,在空间中最开始的两个点,经过混沌混合后到达最终点,这种现象的发生常常预示着体系进入混沌区的流线轨迹具有不确定性、不可重复性及不可预测性。例如,在开始时刻,相邻较近的两个点在经历了无数次的拉伸与折叠后,可能被驱赶到任意远处位置,后来彼此靠得很近的点可能是从开始相距任意位置通过远处运动而达到此状态。正是基于这种反复的折叠与拉伸,使流体的运动流线呈现出一种混沌状态,进而实现流体的充分混合。H. Aref 等提出,用简单的二维非定常流场诱发混沌现象,无须借助任何外加的机械作用就能实现对流体的高效搅拌,从而显著地提高混合效率。另外,J. M. Ottino 指出,流体的高效对流混合(不包括扩散)是流体有效地被拉伸与折叠的结果,在混合隔离区内,流体的拉伸率是随时间线性变化的,而在混沌区随时间呈指数规律增长。因此,提高低雷诺数下高黏度流体混合效率的一个基本方法就是增大流动中的混沌混合区域。也就是说,要想提高流体层流混合的效率,混沌是必不可少的。

2.3　搅拌反应器内流场

早在 20 世纪五六十年代,人们在研究层流搅拌槽中流型和搅拌能耗等特性的过程中发现,在搅拌桨叶的上下方各自出现了一个清晰可辨的环状结构。由于当时人们把研究重点放在了流型和搅拌能耗上,这种环状结构并没有引起人们的足够重视。在之后的 20 多年,进一步的研究发现,当搅拌槽中流体雷诺数小于 500 时,这种环状结构(有人形象地称之为炸面包圈结构)普遍存在于搅拌槽中,混合效率很低。人们认识到,就是这种环状结构严重影响着层流搅拌槽中的混合效率,于是将这种环状结构区域称为混合隔离区(isolated mixing region,IMR),如图 2.1 所示。

20 世纪 90 年代以后,人们对混合隔离区的内部结构进行了广泛研究,对其有了较为清晰的认识。混合隔离区并不是简单的环状结构,而是有着非常复杂的内部结构,即混合隔离区是由 KAM 环面组成的具有复杂内部形态的环形涡,它在沿着桨叶运转方向作主流旋转的同时,还沿着图中横截面上箭头所指的方向进行二次循环流动,但与主流相比,该二次循环流要小得多。

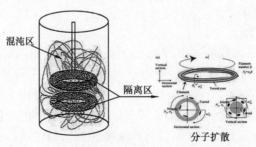

图 2.1　搅拌反应器内混合混沌区与隔离区示意图

美国罗格斯大学的 D. J. Lamberto 等采用流场可视化技术对层流搅拌槽中混合隔离区进行了初步研究。他们通过酸碱中和脱色法来观察搅拌槽中的混合隔离区,可以看到在搅拌槽中出现了两个清晰的环状区域,即混合隔离区,分别位于搅拌桨叶的上下方,如图 2.2 所示。

随着混合时间的增加,混合隔离区外层因参与混合而逐渐被侵蚀,混合隔离区呈现较为复杂的结构。

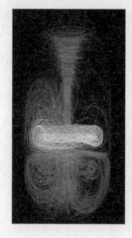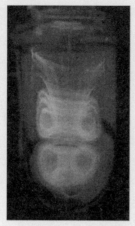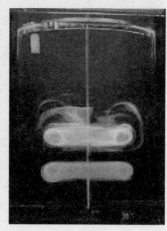

图 2.2　混合隔离区

　　自从美国学者 H. Aref 将混沌概念引入流体混合领域后,人们首先对二维混沌对流进行了广泛的研究。大量研究结果表明,通过某种方式对流场进行不断扰动,便可在流场中诱发大范围的混沌对流,从而有效地提高混合效率。

　　由于三维流场本身尚缺乏深入全面的研究,加上搅拌器等组件与流场的相互作用更是异常复杂,截至目前,国内外学者对搅拌槽中混合隔离区的形成机理尚未给出明确合理的论述,仍在进一步研究中。尽管如此,通过近 20 年的研究,国内外学者得出了这样一种结论:混合隔离区是由搅拌器对流场的周期性扰动产生的,如果通过某种方式不断地扰乱搅拌器对流场的周期性作用,便可诱发混沌对流,抑制混合隔离区形成,提高混合效率。目前,针对消除混合隔离区方法的研究便是基于这一结论产生的。

2.4　混沌混合特性描述及参数

　　随着非线性科学与混沌理论的发展,流体混合过程中的复杂性行为也得到了大量研究。流体搅拌是一个复杂的非线性过程,流场运移(包括大涡等)的非常规性及混合过程的多尺度行为,导致流场中必然出现混沌现象。描述非线性动力学系统状态演变的特征量主要有宏观不稳定性频率、分形维数、最大 Lyapunov 指数、Kolmogorov 熵及多尺度熵等。

　　1)宏观不稳定性频率

　　宏观不稳定性频率是表述混沌混合的重要参数之一。流体混合是分子扩散、涡流扩散以及主体对流扩散共同作用来实现的。理想混合过程应当是循环流动形态单一或流动形态关于搅拌轴对称从而实现从釜底到自由液面的全场循环流动形态使物料得以充分混合的过程。事实上,由于混合机理的复杂性,带挡板搅拌槽内的流体流动呈现为一个三维高度湍流带有典型准周期性的流体力学系统。该系统由一系列在时空尺度上跨越数个数量级的程度不同的非稳态行为(旋涡涡流)组成。正是由于搅拌槽内的非稳态流体流动,即使在定常(流体物性及叶轮转速保持不变)的操作条件下,槽内流体仍在相当大的时间和空间尺度上存在着流动形态的明显变化。已经被证实了发生在多种桨型的搅拌桨作用下,带挡板的立式圆筒形搅拌槽内流体流动存在大尺度低频非稳态准周期现象,并将这种现象称为流场的"宏观不稳定性"(macro-instability,MI)。首次报道这种低频率、大尺度流场脉动现象的是日本学者 Winardi 和 Nagase。

Eresta 等在带 45°斜叶桨的搅拌槽内也观察到,主循环的流型并不稳定,同时在槽的底部发现次循环流,宏观不稳定现象在近叶轮区的流体速度场的功率谱图中表现为一个低频的显著峰值,该频率通常出现在 $10^{-2} \sim 1 \ s^{-1}$。樊建华等用 DPIV 技术在直径 $D/T = 0.5$ 标准涡轮桨的搅拌研究中发现,低转速时(30 r/min),搅拌槽内存在明显的宏观不稳定现象,转速为 30 ~ 60 r/min 时,MI 现象依然明显;随着转速的提高(120 ~ 180 r/min),搅拌槽内脉动随机性增强,MI 相对减弱。并报道了宏观不稳定现象对应频率与转速的线性比例关系,其斜率分别为 0.022 和 0.2。刘作华等在做空气射流对宏观不稳定性影响的研究中,也得到了低转速下宏观不稳定性频率与转速的线性比例关系,但高转速下宏观不稳定性频率消失,功率谱成谱带现象;空气射流的加入,引入了第二相,使得系统在低转速下宏观不稳定性频率提前消失。

综上所述,搅拌槽存在内宏观不稳定现象已经是不可争议的事实,而且它在时空间尺度上远远超过了湍流涡。搅拌槽内流场这种宏观不稳定性本质上是一种时均速度场中的非稳态变化。这种变化规律不同于以往的时均流场特性研究,目前关于槽内不稳定脉动的研究多建立在实验基础上,研究结果均显示多种结构的搅拌槽内流场流动存在这种大尺度低频的宏观不稳定现象。因此,萃取澄清槽内宏观不稳定性的研究对萃取澄清槽的设计和流体的混合都具有重要的理论意义和现实价值。

2)分形维数

分形(fractal)一词最早是由美籍法国数学家曼德布罗特于 1975 年提出的。分形是一种可以用于描绘和计算粗糙、破碎或不规则客体性质的新方法,是一类无规则、混乱而复杂,但其局部与整体有相似性,其两个重要特征就是自相似性和标度不变性。分形体系的形成过程具有不确定性,其维数可以不是整数而是分数。它的外表特征一般是极易破碎、无规则和复杂的,而其内部特征则是具有自相似性和自仿射性。自相似性是分形理论的核心,是指局部的形态和整体的形态具有某种相似,即将考察对象的部分沿各个方向以相同比例进行放大后,其形态与整体相同或相似。自仿射性是指分形的局部与整体虽然不同,但经过拉伸、压缩等操作后,两者不仅相似,而且还可以重叠。具有自相似性的结构(或图形)一定满足标度不变性。因此,组成部分以某种方式与整体相似的形称为分形。

混沌理论中的分形维数是定量刻画混沌吸引子的一个重要参数,广泛应用于系统非线性行为的定量描述中。计算分形维数方法主要有圆规法、明科斯基方法、变换方法、盒子计算方法、周长-面积法、裂缝岛屿方法及分形布朗模型法等。关联维数是分形维数的一种,由于比盒子维数、信息维数和容积维数等计算简单,因此应用非常广泛。

3)最大 Lyapunov 指数

自组织现象产生于耗散非线性动力学系统之中,其有效自由度数少于系统实际自由度数,系统的状态被吸引到相空间中一个低维的超曲面上,曲面的维数反映了自组织系统的有效自由度数,一个表面上复杂的运动实际上可能仅仅是混沌态的低维运动。而本质随机行为,有效自由度数较高,没有自组织现象。区分低维的不规则行为和本质随机行为,度量其不规则性的复杂程度,是定量研究混沌的重要问题。Lyapunov 指数就是定量描述混沌吸引子的重要指标,表征系统在相空间中相邻轨道间收敛或发散的平均指数率。

对于系统是否存在动力学混沌,可从最大 Lyapunov 指数是否大于零非常直观地判断出来:一个正的 Lyapunov 指数,意味着在系统相空间中,无论初始两条轨线的间距多么小,其差别都会随着时间的演化而成指数率的增加以至于达到无法预测,这就是混沌现象。

Lyapunov 指数对应混沌系统的初始值敏感性,它与吸引子至少有以下关系:

①任何吸引子,不论是否为奇怪吸引子,都至少有一个 Lyapunov 指数是负的,否则轨线就不可能收缩为吸引子。

②稳定定态和周期运动(以及准周期运动)都不可能有正的 Lyapunov 指数。稳定定态的 Lyapunov 都是负的;周期运动的最大 Lyapunov 等于 0 ,其余的 Lyapunov 都是负的。

③对于任何混沌运动,都至少有一个正的 Lyapunov 指数,如果经过计算得知系统至少有一个正的 Lyapunov 指数,则可肯定系统作混沌运动。

Lyapunov 指数的计算方法可分为两类:如果知道系统的动力学方程,则可以根据定义计算;如果不知道系统的动力学方程,则只有通过观测时间序列来估计。目前在工程上,由观测时间序列来计算 Lyapunov 指数的方法主要有以下两种:

①分析法:该方法通常先进行相空间重构,求系统状态方程的雅可比矩阵,然后对雅可比矩阵进行特征值分解或奇异值分解,求取系统的 Lyapunov 指数,但该方法对噪声非常敏感。

②轨道跟踪法:该方法以 Wolf 方法和 Rosenstein 的小数据法为代表,对系统两条或更多条的轨道进行跟踪,获得它们的演变规律以提取 Lyapunov 指数。该方法的优点是计算结果不易受拓扑复杂性(如洛伦兹吸引子)的影响。

4)Kolmogorov 熵

熵是系统混沌性质的一种度量,而 Kolmogorov(简称 K)熵是常用熵中的一种,它是在热力学熵和信息熵的基础上演化而来的,它反映了动力系统的运动性质和状态,是在相空间中刻画混沌运动最重要的度量,可根据 K 熵取值判断系统运动的性质或无规则(随机性)的程度。$K=0$,表示系统作完全规则(决定性)的运动;$K \to \infty$,表示系统作完全无规则的随机运动;K 是大于零的常数,表示系统作具有部分(或受约束的)随机性的混沌运动。K 熵越大,信息的损失率越大,系统的混沌程度越复杂。故 K 熵可区分规则运动、随机运动和混沌运动。

5)多尺度熵

克劳修斯提出熵的概念,用来表示任何一种能量在空间中分布的均匀程度,能量分布得越均匀,熵就越大。实践表明,要使一个系统以做功的形式向外输出能量,该系统必须与外界存在能量密度差异,只有这样,能量才会自动地从高密度区流向低密度区。在搅拌槽中,能量的高密度区是位于桨叶附近的湍流区,能量从湍流区向低雷诺数区耗散得越充分,整个槽体内能量分布就更为均匀,熵值就越大;反之熵值就越小。若能量分布完全均匀,熵值达到最大。一般来讲,熵值在各尺度上越大,时间序列的自相似性就越小,系统的混乱程度就越高。因此,从能量储存的角度上(或从宏观上)看,熵是系统能量密度分布均匀程度的量度。目前,关于搅拌槽内的热力学熵的计算较为困难。Shannon 借鉴热力学熵的概念,将信息中排除了冗余后的平均信息量称为信息熵。热力学熵与信息熵密切相关。在各微观状态相互独立且等概率的假设下,系统的信息熵与热力学熵的关系为:

$$\frac{S}{S'} = \kappa \ln 2 \tag{2.4}$$

式中　　S——系统的热力学熵；

　　　　S'——信息熵；

　　　　κ——玻尔兹曼常数。

即系统的热力学熵与信息熵成正比关系。这里的信息熵采用 Costa 等提出的多尺度熵。在多尺度熵提出之前，对于时间序列信息熵的测度主要有近似熵算法和样本熵算法。近似熵作为时间序列复杂性的测度，在许多领域得到了广泛应用。但是，近似熵不利于数据量小且含有噪声的信号的分析。Richman 等对近似熵进行了改进，提出样本熵(sample entropy，SE)。上述关于时间序列熵的计算是基于单尺度，无法说明时间序列在尺度上的相关性。Costa 等在样本熵的基础上提出了多尺度熵(multi-scale entropy，MSE)，并将其用于分析生理信号的复杂性。多尺度熵计算了时间序列在多个尺度上的样本熵值，体现了时间序列在不同尺度上的不规则程度，具有较好的抗噪、抗干扰能力，对时间序列的分析更具系统性。熵值在各尺度上越大，时间序列的自相似性就越小，系统的混乱程度就越高。

2.5　混合性能的表征

1) 搅拌功率特性

搅拌功率是衡量搅拌釜效率的一个重要评价标准。搅拌功率的大小是釜内流体搅拌程度和运动状态的度量，其直接影响到搅拌装置所需的电机功率以及搅拌轴的设计等。搅拌功率取决于所期望的流型和流动程度，是搅拌釜尺寸，流体特性、桨叶外形尺寸和位置、搅拌轴转速和内部附件(有无挡板及其他障碍物)的函数。测量搅拌功率的方法很多，但使用范围取决于装置的规模大小。下面介绍两种误差较小的测量方法。

①电动机反扭矩测量法。本法适用于规模较小的搅拌体系。其工作原理是电动机工作时，作用于电动机转子上的电磁矩和作用于电动机定子上的电磁矩总是大小相等，方向相反的。因此，只要测出作用于定子上的扭矩就等于测得了作用于转子上的扭矩，再扣除转子轴承上的摩擦扭矩后，即可测得搅拌的实耗扭矩。由扭矩和搅拌转速便可计算出搅拌功率。转盘固定于电动机的外壳上，电动机和转盘由推力轴承支撑在支架上，电动机外壳(定子)受到的扭矩由转盘切向引线的拉力构成的力矩所平衡。而拉力的大小可通过滑轮由天平上的砝码测出。砝码读数与转盘半径之乘积，即为作用于转子上的扭矩。

②应变测量法。本法采用动态应变仪测量搅拌轴的扭矩，并以此来计算搅拌功率。其基本原理是搅拌轴的扭矩大小与切应变成正比，只要测出搅拌轴外表面上切应变大小，即可计算出扭矩。该方法适用于测量功率较大的搅拌体系。将 4 片电阻丝应变片按与轴线成45°的方向，对称地粘贴在搅拌轴上，并使之组成电桥。当搅拌轴在扭矩的作用下发生剪切变形时，应变片上电阻丝的长度与截面也发生了相应的改变，从而引起电阻丝阻值的变化，破坏了电桥的平衡，产生出与切应变成线性关系的电压信号，并通过动态电阻应变仪将此电压信号放大后输入记录仪中，读出切应变变化数据。根据扭矩与切应变之间的换算关系，经数据处理后可方便地得出搅拌轴的扭矩值，再扣除用空载实验测出的密封，轴承等处的摩擦扭矩，即得搅拌时实耗的扭矩大小。

杨锋苓等对搅拌槽中有无隔板时 Rushton 桨在层流状态下的流动与混合过程进行了研

究,并分析了槽内流场结构,速度分布及功率消耗情况。结果发现,隔板不仅能改变槽内流体的流型,增强轴向循环能力,提高流体的混合效率,而且消耗的功率很低,仅为同条件下无隔板时功率消耗的 76%。杨敏官等采用扭矩仪对固体颗粒体积浓度为 5% 的偏心搅拌槽内颗粒的悬浮特性进行了研究,并分析了不同偏心率 E 对功率消耗的影响。胡锡文等用实验的方法对各种搅拌器的功率消耗进行了研究对比,并考察了搅拌器桨型、转速及密度等操作参数对各种搅拌器的搅拌功率的影响。R. D. Ankamma 等利用实验和模拟相结合,分别对刚性涡轮桨,新型节能的单双矩形涡轮桨、单双 V 形涡轮桨的功率消耗进行研究。结果发现,新型节能型涡轮桨的功率消耗明显比刚性涡轮桨低,V 形涡轮桨比矩形涡轮桨的功率消耗低,而且新型节能桨的几何参数对功率消耗有一定的影响。

2）混合时间

混合时间是指两种或多种流体通过搅拌使之达到规定的混合程度所需要的时间,介质之间一般都有较为明显的物理或者化学性质上的差异,在国际上采用 95% 的规定,即从数值模拟或者实验开始到示踪剂浓度达到最终稳定浓度值的 ±5% 所用的时间。混合时间的测试方法较多,较为常用的方法有电导法、脱色法等。对中高黏度液体的混合常采用脱色法,而对低黏度液体常采用电导法。

①电导法。以饱和 KCl 溶液作为示踪剂,在釜的一侧液面处将其加入。电导电极则放置于釜的另一侧接近釜的底部,用于测定釜内液体的电导率随时间的变化,这样可以测到釜内的最长的混合时间。电导电极输出信号经放大及 A/D 转换后由计算机进行数据采集处理。由于电导率仪的输出信号总是有一定的波动,因此,通常取电导率仪的输出信号与最后稳定输出平均值相差在 ±5% 以内即认为混合均匀,所需的时间即为混合时间,如图 2.3 所示。对某一个操作条件重复多次实验并取其平均值即可得该操作条件下的混合时间,其平均相对误差在 ±10% 以内,这样可减小实验误差。

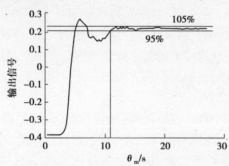

图 2.3　混合时间数据处理图

②脱色法。实验室内测定高黏度流体的混合时间一般采用脱色法,主要过程是在搅拌设备内加入带颜色的物质,用肉眼观察从开始加入变色物质到颜色不再发生变化所需要的时间,这个时间就是混合时间。

国内外学者对混合时间作了大量的研究。苗一等采用电导法测定了搅拌槽内单层桨和多层桨体系的混合时间,对搅拌槽内标准六叶涡轮、窄叶及宽叶翼型桨在单层桨及多层桨体系的混合特性进行了系统的实验研究。S. Woziwodzki 等采用电导法对双层叶轮组合桨偏心搅拌槽内的混合时间在有无挡板时的情况进行了试验,并对相关数据作了分析。楚树坡等人采用酸碱中和脱色法对搅拌槽中甘油溶液的混合时间进行测定,并对匀速搅拌和正反向混沌转速搅拌两种方式的混合效果进行了研究。T. L. Rodgers 等采用电阻层析成像技术对搅拌槽中考尔斯盘桨叶、六直叶涡轮桨及四斜叶混合桨的混合时间进行测量并进行对比分析。方键等结合计算流体动力学方法和碘-硫代硫酸钠褪色实验对不同桨叶形式的顶入式和侧入式搅拌槽内混合过程进行了研究。结果表明：在搅拌功率相同的情况下，顶入式搅拌桨的混合效率高于侧入式搅拌桨，混合时间减少了 28.2%。W. M. Yek 等采用酸-碱可视化实验对 DI、4-DT 和 4-APBT 在层流搅拌中的混合隔离区演变情况进行了观测。结果发现，相对于 DI、4-DT 和 4-APBT 能促进隔离区与混沌区之间的相互作用，在一定混合时间内，使混合隔离区的大小明显减小，且 4-APBT 的效果更为明显。

2.6　流体混沌混合强化方法

近年来，随着对流体非线性及混沌理论研究的不断深入，学者们开始诱导和利用混沌现象，对流体混合过程进行强化。混沌是层流条件下提高混合效率的主要方式，混沌混合被看作提高低雷诺数下流动与混合效率的唯一途径，为流体混合研究开辟了新的思路，通过对流体的动力学扰动在流体内部引发混沌，以破坏流体颗粒运动轨迹的周期性。H. Aref 等通过对简单的二维非定常流场的调控来诱发混沌，实现了对流体的高效搅拌，显著提高了混合效率。而在层流状态下，流体颗粒运动轨迹的差异性很大，在搅拌槽内可以明显观测到具有两种不同流动状态的混合区域，即混沌混合区与混合隔离区（图 2.1）。为提高流体的混沌混合行为，人们采用变速搅拌、偏心搅拌、往复搅拌、射流搅拌、多层搅拌及柔性搅拌等技术，强化槽内流体的混沌混合。

1）变速搅拌

随着混沌理论的不断发展，早在 20 世纪 90 年代就有研究者提出了通过改变搅拌转速来提高流体混合效率，这是最先用来控制搅拌反应器内流体实现混沌混合的方式，也是迄今为止研究最多的一种方式。关于变速搅拌的研究主要包括两个方面：一是改变桨叶的转动方向，二是改变桨叶转速的大小。桨叶转速的大小和方向的改变可以是周期性的，也可以是随机的，不过以前者居多。

D. J. Lamberto 等通过酸碱中和反应法对搅拌槽内的混合情况进行了研究，提出了变速搅拌，使搅拌速度在两个固定值之间成周期性地波动。结果表明，随着速度的周期性波动，搅拌槽内混合隔离区的大小及位置不断改变，从而强化槽内流体的混沌混合，提高了混合效率。T. Nomura 等通过周期性地改变桨叶的转动方向，对搅拌槽内高黏度流体的混合情况进行了研究。结果发现，这种变速搅拌能够很好地破坏搅拌槽内的混合隔离区，尤其当 $Re<200$ 时，更能又快又好地完成混合操作。W. G. Yao 等对 Rushton 涡轮桨对周期性的正反转运动和周期性方波变速运动的混合情况都进行了研究，与刚性的稳态搅拌方式相比，变速搅拌有利于提高层流搅拌槽的混合效率。

在国内，对搅拌槽变速搅拌也作了大量的研究，高殿荣等采用 PIV 对层流状态下 Rushton 桨的变速混沌混合流场进行了研究。结果表明，搅拌桨的变速转动有助于增强搅拌槽内流体的扰动，提高混合效率，肯定了变速搅拌的意义。Zhang 等对正弦变速搅拌下蔗糖溶解于水的过程进行了研究，并与稳速搅拌进行了对比。结果表明，在消耗相同功率的情况下，正弦变速能极大地缩短混合时间,提高混合效率。杨锋苓等以 NaCl 颗粒在水中的溶解实验,对湍流状态下周期性变速旋转的 Rushton 桨搅拌槽内的混合特性进行了实验研究,与此同时,与稳速搅拌进行了对比。结果证明,周期性依时搅拌时的溶解时间比稳速搅拌时稍短,而周期性换向搅拌则能明显加快溶解速度,提高混合效率。

2)偏心搅拌

从已有的研究发现,混合隔离区的形状及位置不仅取决于雷诺数,而且还与槽的结构配置,如桨叶类型、桨叶离槽底的距离、桨叶数目及桨叶间距等因素有关。因此,搅拌桨在搅拌槽中的布置方式对混合隔离区会有一定的影响。偏心搅拌就是从改变搅拌槽的空间结构出发所采取的一种混合方式,属于空间混沌混合的范畴,涉及的物料既有牛顿流体,也有非牛顿流体。流体的流动状态既有层流,也有湍流,涉及的装置涵盖了中小型搅拌槽,范围比较广泛。

M. M. Alvarez-Hernandez 等是最早从事层流状态下偏心搅拌性能研究的学者,他们通过实验,对偏心搅拌槽内层流流动和混合结构进行了分析。另外,他们把桨叶偏离搅拌槽轴线的距离 e 与搅拌槽的半径 R 之比定义为偏心率 E_c,即 $E_c = e/R$,取 0、0.21、0.42 和 0.63 这 4 个不同的数值。结果发现:偏心率的大小对层流混合流场的结构有很大的影响,对某些偏心率来讲,即使在 $Re < 50$ 时,也能在搅拌槽内引发混沌,并很好地破坏混合隔离区,消除常规搅拌时的分区现象,缩短混合时间;而且还发现,即便是径向流桨叶在偏心布置时也能极大地增强轴向循环流动能力,改善混合效果。后来他们又用偏心布置的 Rushton 涡轮桨来搅拌槽内的非牛顿流体,并进行了数值模拟,得到混合类型随时间的变化情况,如图 2.4 所示。研究说明偏心搅拌确实能增大轴向速度,提高混合效果。

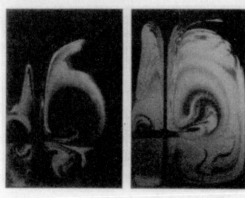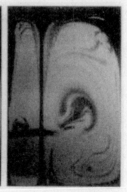

图 2.4　偏心搅拌时混合结构随时间变化情况(偏心率 $E_c = 0.42$)

3)往复搅拌

在往复搅拌研究方面,主要考虑从混合隔离区的主流方向与桨叶旋转方向入手来增强搅拌轴线上的流动,也就是提高轴向循环流动能力,进而破坏混合隔离区。由于混合隔离区的主流方向与桨叶旋转方向相同,因此,如果搅拌槽轴线方向上的流动得到增强,混合隔离区可能就易于被破坏,而往复搅拌能增强轴向循环流动能力,故它具有潜在的提高混合效率的优势。最早从事往复搅拌研究的是 T. Nomura 等,他们对往复加旋转的搅拌方式进行了考察,发现这种搅拌方式可有效地阻止混合隔离区的形成,从而拉开了往复搅拌研究的序幕。S. Masiuk 等设计了一种适用于高黏度流体混合的左右往复式搅拌槽,并系统地研究了桨叶结构参数、被搅拌液体的物理性质、操作条件等因素对功率消耗、混合时间、质量传递系数及传热系数的影响,发现随着雷诺数的增大,功率消耗会增多,混合时间会缩短,质量传递系数及传热系数随叶片数的增多而增大,并给出了数学表达式。此外,他们还将同一桨叶在转动和往复运动两种不同搅拌方式时的混合效果进行了对比,将功率消耗和混合时间的乘积进行了量纲标准化处理,得到了表征混合效果的指标最大混合能 E,其结果如图 2.5 所示。从图 2.5 可看出,往复搅拌比回转搅拌具有一定的优越性。

S. Masiuk 等研究了一种用于互不相溶的两种液体混合的振动混合器,它的搅拌器是一个不带叶片的、上下往复式运动的圆盘。通过分析操作条件和被扩散液体的物理性质对扩散过程的影响发现,即使这样一个简单的搅拌器,在往复搅拌时也能使混合器内的液体混合效率得到提高,而且还能避免大的剪切力,而在常规的回转搅拌方式下,叶片顶端的剪切力通常较大,从而进一步证明了往复搅拌的优越性。尽管往复搅拌具有很大的优势,但其运动机理和结构比较复杂,这就给实验研究带来了难度,工业中的应用也很少。

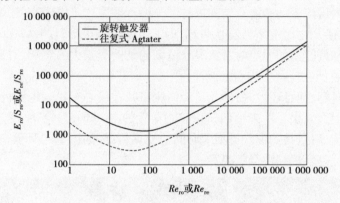

图 2.5　往复式及回转式搅拌桨最大混合能对照图

4)射流搅拌

射流是指流体从各种形式的孔口或喷嘴射入同一种或另一种流体的流动。射流搅拌时气泡在液体内上升过程中所造成的液体湍动可以产生良好的搅拌作用,气泡群的上升能促进液体的对流循环,从而增强了混合效果。射流混合器中的射流自喷嘴喷出,在紧靠喷嘴的一个相当短的过渡区域内(其长短与雷诺数 Re 有关),高速射流造成剪切层。由于剪切层自然不稳定性的迅速增长而形成旋涡,而旋涡作用导致射流对周围流体的卷吸,同时高速喷射的液体将动量迅速转移给容器内的流体,从而引起槽内的流体作全槽性的流动。

一些工程实践表明,射流能形成一种与不同于多层桨搅拌混合的流场,是一类重要的流体机械形式,可用于硬岩切割、采矿、钻井、瓦斯抽放、工业废水处理等领域。而射流混合是一种较为有效的混合方式,在大型石油储槽和混合槽中应用较多,具有投资成本少,混合效率高等特点。射流混合器中射流自喷嘴喷出,在紧靠喷嘴的一个相当短的过渡区内,高速射流造成剪切层。由于剪切层自然不稳定性的迅速增长而形成旋涡,而旋涡作用导致射流对周围流体的卷吸,同时高速喷射的液体将动量迅速转移给容器内的流体,因而引起槽内的流体作整体性的流动。同时研究还发现,单纯的喷射混合器的能耗较机械搅拌系统高,会形成较大的"死区",然而喷射搅拌的轴向混合较好。

5)柔性桨搅拌

刘旺玉等设计了柔性风力发电机桨叶,通过实验和模拟计算相结合,对仿生植物叶脉中轴铺层设计的风电叶片的性能进行了研究。结果表明,该柔性风力发电机桨叶不但能降低叶片的内部载荷,提高叶片的可靠性,而且能拓宽风机的运行风速范围,明显提高风能的利用效率;K. Sarhan 等分析了柔性锚式搅拌桨的流-固耦合行为,发现流体对柔性桨变形有重要影响;R. L. Campbell 等研究了柔性涡轮机内流-固耦合运动行为,发现柔性桨变形可诱发桨叶与流体耦合运动。这些研究表明,合理设计仿生刚-柔组合搅拌桨结构,能强化流体实现高效、节能混合。

2.7 混沌混合技术应用

机械搅拌反应器广泛应用于化工、冶金、生物、制药及食品等工业,其经济性与流体混合密切相关。实验研究发现,混沌混合能有效改善搅拌槽内流体的混合效果。混沌混合是混沌区的流线经过反复折叠和拉伸使流体处于宏观不稳定状态,并包含内在规律性的混合形式。常规的多层桨搅拌器内存在混沌混合区和规则区,使得流体径向混合充分,轴向混合差。在规则区内,流体只能通过分子扩散方式实现均匀混合,效率非常低。而搅拌的周期性和对称性产生规则区。因此,提高搅拌槽内流体混合效率的有效方法就是破坏系统的周期性和对称性,减小规则区,增加流动中的混沌区域,即通过形成混沌流来增强流体的混合效果。

截至目前,关于搅拌槽内混沌混合的研究主要有变速搅拌、偏心搅拌、往复搅拌、射流搅拌等方法,这些都是从流体的运动方式入手,改变流场结构,增强流体的混沌混合,提高流体混合效率。但是,这些方法对设备的驱动装置要求高,设备稳定性差,搅拌过程能耗高。除了改进搅拌器的结构和安装来诱发流体混沌混合,流场的耦合也是一种有效的方式。D. Ruelle 和 F. Takens 等为了取代朗道关于湍流的假设,提出了这样的理论:当系统内有不同频率的振荡互相耦合时,只要出现 3 个互相不可公度的频率,系统就会出现混沌。

目前,混沌混合技术应用热点之一是刚柔组合搅拌桨强化流体混沌混合。

刚柔组合搅拌桨的思想源于仿生学。自然界中各种鱼类、鲸类的游动和鸟类、昆虫的飞行并不是靠剪切作用,而是通过柔性身体的运动部件(如尾鳍、胸鳍或翅膀等)与周围流体(水或空气)相互作用来实现的,如图 2.6 与图 2.7 所示。柔性生物体可从卡门涡街中汲取能量,减少自身能耗,具有机动性好和噪声低的优点。但柔性体在流场中形变大,难以作大范围运动(图 2.8)。为此,将刚性体与柔性体有机相结合,设计出刚-柔组合搅拌桨。刚柔组合搅拌桨在流体混合过程中的运动是包含刚性体剪切、柔性体形变和流场拟序结构的形成、运移及演化,并伴随能量和质量传递的复杂行为。因此,研究搅拌桨结构与流场拟序结构关联性,认识刚-柔-流耦合运动行为与流场拟序结构演化的规律,是解决上述方法不足的有效途径之一。

图 2.6 鸟及其翅膀

图 2.7 鱼及其鱼鳍

图 2.8 柔性丝形成尾涡结构

刚柔组合搅拌桨强化流体混合过程,包括刚性桨-流体耦合相互作用、柔性体形变-流体耦合运动,流场结构运移与演化等复杂现象。流体混合就是"流"和"场"的复杂组合过程,表现出时空混沌现象;同时,控制刚柔组合搅拌桨在流体中的运动,促进湍流区能量向低雷诺数区传递,可增大混沌混合区,减小规则区,实现混沌混合强化。刘作华等将刚性桨与柔性体相结合,设计出了刚柔组合搅拌桨,可使流场结构耦合,诱发并强化流体的混沌混合行为,提高了混合过程的能效;同时,他还将研发的刚柔组合搅拌桨反应器用于电解锰生产的锰矿浸出,提高了锰矿浸出率和浸取效率。Lee 等研究低雷诺数下柔性板的流-固耦合行为。研究发现:板的柔度对流动引起的力系数减小有显著影响。R. L. Campbell 等研究了柔性涡轮机内流-固耦合运动行为,发现柔性桨变形可诱发桨叶与流体耦合运动。这些研究表明,合理设计刚-柔组合搅拌桨结构,能强化流体实现高效、节能混合。

参考文献

[1] 潘翀,王晋军,张草. 湍流边界层 Lagrangian 拟序结构的辨识[J]. 中国科学(G 辑:物理学力学 天文学),2009,39(4):627-636.

[2] ZHANG P,HAN C,CHEN Y L. Large eddy simulation of flows after a bluff body:Coherent structures and mixing properties[J]. Journal of Fluids and Structures,2013,42:1-12.

[3] FOUNTAIN G O,KHAKHAR D V,MEZIĆ I,et al. Chaotic mixing in a bounded three-dimensional flow[J]. Journal of Fluid Mechanics,2000,417:265-301.

[4] 王利民,葛蔚,陈飞国,等. 复杂流动与流体行为的拟颗粒模拟[J]. 中国科技论文在线,2007,2(12):863-869.

[5] HALLER G. Distinguished material surfaces and coherent structures in three-dimensional fluid flows[J]. Physica D:Nonlinear Phenomena,2001,149(4):248-277.

[6] AREF H. Stirring by chaotic advection[J]. Journal of Fluid Mechanics,1984,143:1-21.

[7] OTTINO J M,MACOSKO C W. An efficiency parameter for batch mixing of viscous fluids[J]. Chemical Engineering Science,1980,35(6):1454-1457.

[8] 刘作华,谷德银,陶长元. 搅拌反应器混沌混合强化技术及应用[M]. 重庆:重庆大学出版社,2020.

[9] 樊建华,饶麒,王运东,等. 搅拌槽内流场脉动的频谱分析研究[J]. 高校化学工程学报,2004,18(3):287-292.

[10] ROUSSINOVA V,KRESTA S M,WEETMAN R. Low frequency macroinstabilities in a stirred tank:Scale-up and prediction based on large eddy simulations[J]. Chemical Engineering Science,2003,58(11):2297-2311.

[11] 钟云霄. 混沌与分形浅谈[M]. 北京:北京大学出版社,2010.

[12] LEE J,LEE S. Fluid-structure interaction analysis on a flexible plate normal to a free stream at low Reynolds numbers[J]. Journal of Fluids and Structures,2012,29:18-34.

[13] WOLF A,SWIFT J B,SWINNEY H L,et al. Determining Lyapunov exponents from a time series[J]. Physica D:Nonlinear Phenomena,1985,16(3):285-317.

［14］ JOHANSSON M,RANTZER A. Computation of piecewise quadratic Lyapunov functions for hybrid systems［J］. IEEE Transactions on Automatic Control,1998,43(4):555-559.

［15］ HE Y,WU M,SHE J H,et al. Parameter-dependent Lyapunov functional for stability of time-delay systems with polytopic-type uncertainties［J］. IEEE Transactions on Automatic Control,2004,49(5):828-832.

［16］ COSTA M,GOLDBERGER A L,PENG C K. Multiscale entropy analysis of complex physiologic time series［J］. Physical Review Letters,2002,89(6):068102.

［17］ COSTA M,HEALEY J A. Multiscale entropy analysis of complex heart rate dynamics:Discrimination of age and heart failure effects［C］//Computers in Cardiology. Thessaloniki,Greece. IEEE,2003:705-708.

［18］ 刘作华,陈超,刘仁龙,等. 刚柔组合搅拌桨强化搅拌槽中流体混沌混合［J］. 化工学报,2014,65(1):61-70.

［19］ AREF H. The development of chaotic advection［J］. Physics of Fluids,2002,14(4):1315-1325.

［20］ BRESLER L,SHINBROT T,METCALFE G,et al. Isolated mixing regions:Origin,robustness and control［J］. Chemical Engineering Science,1997,52(10):1623-1636.

［21］ LAMBERTO D J,MUZZIO F J,SWANSON P D,et al. Using time-dependent RPM to enhance mixing in stirred vessels［J］. Chemical Engineering Science,1996,51(5):733-741.

［22］ 杨锋苓,曹明建. 涡轮桨变速搅拌槽内湍流混合的实验研究［J］. 燕山大学学报,2010,34(4):313-317.

［23］ CHUNG K H K,BARIGOU M,SIMMONS M J H. Reconstruction of 3-D flow field inside miniature stirred vessels using a 2-D PIV technique［J］. Chemical Engineering Research and Design,2007,85(5):560-567.

［24］ MASIUK S,RAKOCZY R,KORDAS M. Comparison density of maximal energy for mixing process using the same agitator in rotational and reciprocating movements［J］. Chemical Engineering and Processing:Process Intensification,2008,47(8):1252-1260.

［25］ 刘作华,宁伟征,孙瑞祥,等. 偏心空气射流双层桨搅拌反应器流场结构的分形特征［J］. 化工学报,2011,62(3):628-635.

［26］ 赵静,蔡子琦,高正明. 组合桨搅拌槽内混合过程的实验研究及大涡模拟［J］. 北京化工大学学报(自然科学版),2011,38(6):22-28.

［27］ 朱俊,周政霖,刘作华,等. 刚柔组合搅拌桨强化流体混合的流固耦合行为［J］. 化工学报,2015,66(10):3849-3856.

［28］ 刘作华,许传林,何木川,等. 穿流式刚-柔组合搅拌桨强化混合澄清槽内油-水两相混沌混合［J］. 化工学报,2017,68(2):637-642.

［29］ CAMPBELL R L,PATERSON E G. Fluid-structure interaction analysis of flexible turbomachinery［J］. Journal of Fluids and Structures,2011,27(8):1376-1391.

第 **3** 章
微波强化技术

3.1 微波及其强化机理

　　微波是频率在 300 MHz ~ 300 GHz,即波长在 1 mm ~ 100 cm 范围内的一种电磁波。微波能强化质量传递和化学反应,一般认为是基于微波的热效应和非热效应。20 世纪 60 年代末以来,微波能作为一种新的能源被广泛应用于物质加热过程中。如今,微波在冶金、食品加工、污水污泥处理、精油提取、脱硫脱硝、医疗废物处理等领域应用广泛,并体现了其独特的优势。

　　微波穿透深度和吸收功率随着物料介电损耗的变化规律如图 3.1 所示。

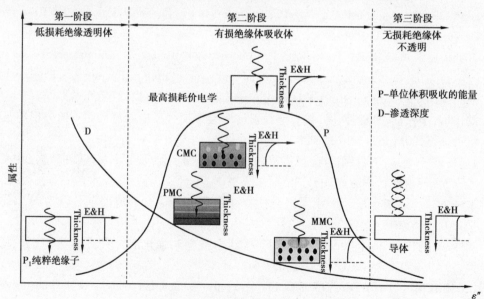

图 3.1　微波穿透深度和吸收功率随着物料介电损耗的变化规律

　　由图 3.1 可知,对于低介电损耗特性的物料,微波能够轻易穿透物料,而物料吸收的微波所传递的能量也很低;对于具有较好介电损耗特性的物料,随介电损耗值的增加,其穿透深度不断降低,吸收微波的能量先增加后减小;对于块体金属等非介电损耗物料,微波会被反射导致穿透深度极低,物料所吸收的微波能量也极低。因此,通过对物料介电特性的研究,可知低损耗、低传热的物料可用作微波透波保温材料;非损耗物料金属板可用作微波炉腔体外壳材料;损耗较高的物料可以高效地被微波加热和处理。综上所述,物料介电损耗特性决定了物料与微波相互作用的强弱,而介电损耗特性随温度、化学成分、粒度等参数的不同而有所变化。

3.2　微波加热机理

微波加热的方式主要源于物质内部分子吸收电磁能后所产生数十亿次的偶极振动而产生的大量热能来实现的,即"内加热"。这种由分子间振动所产生的"内加热"能将微波转变为热能,可以直接激发物质间的反应。与常规的加热相比,微波具有加热速度快、均匀、无温度梯度存在、能瞬时达到高温、热量损失小等优势。此外,不同的物质具有不同的电介质性质,从而有不同的吸收微波能力,这种特征又使微波辐射具有选择性加热特点。此外,微波还存在非热效应。当把物质置于微波场,其电场能使分子极化,其磁场力又能使这些带电粒子迁移和旋转,加剧了分子间的扩散运动,提高了分子的平均能量,降低了反应的活化能,可大大提高化学反应速度。本节介绍 4 种主要的微波加热机制。

1)偶极损耗

偶极损耗是指某些材料,如水、陶瓷、CMC、PMC、食品等,当这些材料被置于微波场中时,振荡电场会引起分子偶极子的搅动,从而快速吸收微波达到被均匀加热的一种损耗形式,如图 3.2 所示。水中的氢原子上的正极性和氧原子上的负极性,分子为适应不断振荡变化的电场,自身频繁变化运动方向,在各个方向上发生惯性、弹性碰撞、相互摩擦,从而增加了分子动能并产生体积加热效应。

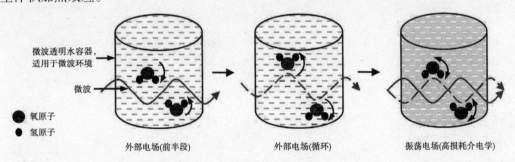

图 3.2　偶极损耗的微波加热机制

2)传导损耗

传导损耗的微波加热机制如图 3.3 所示。

传导损耗在微波加热纯金属粉体和半导体时十分重要,比如加热铜、铝、硅、铁、镍粉和 MMC(金属基复合材料)。这些物料的导电性好,其中所含的大量自由电子会沿着外部电场 E 的方向以一定的速度 v 运动,如图 3.3(a)和 3.3(b)所示。微波电场在这些材料中会迅速衰减并产生很大的电流 I_i,如图 3.3(c)所示;因此在材料内部会产生一个与外部磁场方向完全相反的感应磁场(H_i),这个感应磁场会产生一种迫使移动的电子以速度 v_c 向着相反的方向移动的作用力,于是电子就获得了动能,而其运动受到惯性、弹性碰撞以及分子之间相互作用产生的摩擦力的影响;振荡的微波电磁场会频繁导致这种现象的发生,因此可实现物料内部的均匀加热,如图 3.3(d) 所示。

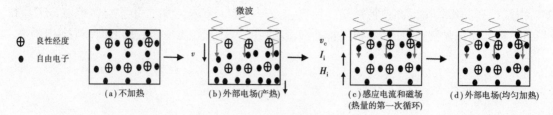

图 3.3　传导损耗的微波加热机制

3) 磁滞损耗

磁滞损耗是指在外部磁场快速改变方向而振荡的情况下引起物料内磁畴取向出现谐振而产生热量。不同磁滞损耗类型的微波加热机制如图 3.4 所示。磁性物料内部存在大量的自旋电子,即存在磁畴。在没有外部磁场时,为了让材料的净磁场效应变为零,这些磁畴会被引导指向磁性材料的内部,如图 3.4(a) 所示。当存在有交变的外加磁场时,磁畴的方向也会随着外部磁场的方向变化而趋向于与其一致,如图 3.4(b) 和图 3.4(c) 所示。由于磁畴方向的改变,部分的磁能就转化成了热能。

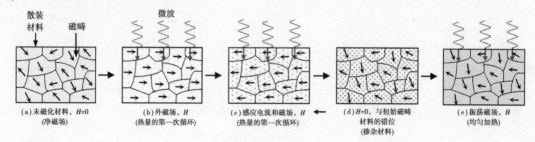

图 3.4　不同磁滞损耗类型的微波加热机制

4) 涡流损耗

涡流损耗在不同电磁场和几乎任何的导体中都可能存在。不同涡流损耗类型的微波加热机制如图 3.5 所示。

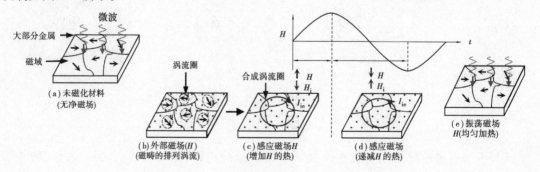

图 3.5　不同涡流损耗类型的微波加热机制

这种损耗在不同的电磁场和几乎任何的导体中都可能存在。如图 3.5 所示,有外部磁场 H 存在时,在导体的表面会感应产生闭环的涡流。这些涡流会抵抗外部磁场的变化。对于基体物料上产生的感应涡流可以被认为是所有这些微小的感应涡流的总和。如果外部磁场 H 的强度在循环周期内正处于不断增强的阶段，那么感应涡流会引发一个方向相反的感应磁场来抵抗外部磁场场强的增大；而随着外部磁场场强的降低，感应涡流 I_{ie} 又会引发一个感应磁场来抵消外部磁场强度的减小。正因为感应涡流方向的改变，微波能就会在物料内部耗散并转化为热能。在交变的磁场中，这种现象频繁发生，导致物料被均匀加热。

由以上微波加热机制可知，其具有独特的整体加热特点，从而显示出以下优点：

①加热速度快、加热均匀、节能效率高。常规加热属于由表及里的外部加热方式。热量首先被传递给被加热物料表层，再利用热传导、热对流、热辐射等方式依次使表层到内部升温，所消耗的时间较长。微波加热是电磁波直接穿透物料作用于介质内的分子，将能量原位转换成热量，使物质内外部同时加热。同时，由于内部物料缺乏散热条件，这可以使内部温度高于外部温度，形成与传统加热相反的温度梯度分布，有利于物料在短时间内迅速均匀地升温。与常规加热相比，只要合理调整微波加热的物料厚度，无论物料其他形状如何变化，微波都能均匀地穿透物体，产生热量，从而大大改善物料的均匀性，避免了外焦内生现象。

②选择性加热。对于不同介电特性物质组成的复合材料或矿物，微波加热效率不同。例如对干燥脱水过程，由于物料中的水分能很好地吸收微波，而其他组分吸波性比水分差，因而水分被优先加热而快速升温，从而可强化干燥过程；再比如矿物中通常含有不同组元，由于各组元介电特性的差别，导致其在微波场中的升温速率不同，产生很大的温度梯度，从而在矿物相界面产生热应力，甚至发生爆裂、解离，可高效解决矿物多组元相互包裹、镶嵌而造成的反应不充分、反应速率低等问题。

③易于自动化控制。微波能便于自动化调节，加热功率连续可调，即开即用，瞬时控制，无热惯性。

3.3　微波化学反应与合成

3.3.1　微波无机合成

1）微波加热合成氧化物纳米颗粒

①纳米 TiO_2。Zhang 等以纤维素（CF）作为基片材料，在微波作用下通过硫酸氧钛水解制备了纳米 TiO_2/CF 复合材料，并将其用作吸附材料处理含 Pb^{2+} 的废水。研究表明：通过纤维素纤维表面的羟基官能团与 Ti 晶核之间发生化学反应形成了 Ti—O 键，最终生成了粒度约为 100 nm 的具有介孔结构的纳米 TiO_2，颗粒均匀分布于纤维素纤维表面。所得的纳米 TiO_2 颗粒在纤维素纤维表面的形成过程如图 3.6 所示。由图 3.6 可知，纤维素纤维表面具有丰富的极性基团，可作为微波吸收剂；同时，在酸性溶液条件下可通过静电反应吸附 Ti 形成多相水解反应所需吸收剂的前驱体，从而在纤维素纤维表面快速形成纳米 TiO_2 颗粒。相比于传统加热方式，微波加热可使前驱体快速分解并促进 TiO_2 晶核的形成，其反应时间可由几小时缩短为几分钟。

Zhao 等采用微波辅助溶剂合成法制备了层状 TiO_2 微球，考察了微波反应时间对微球物相组成和形貌的影响。发现在 180 ℃下反应 15 min 时，球状中间产物形成，且有很多纳米片状

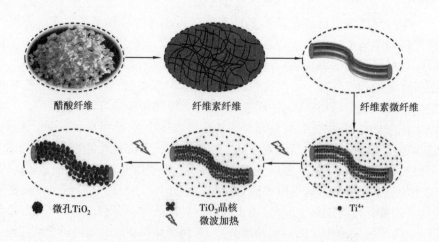

图 3.6　纳米 TiO_2 颗粒在纤维素纤维表面形成过程示意图

结构随机生长在微球表面,主要为无定形物质;当反应时间延长至 45 min 时,纳米片状结构变成纳米带状结构,同时可观察到由纳米带状结构构成的层状 TiO_2 微球,但其结构并不完整;当反应时间延长至 90 min 时,纳米带状结构在长度方向上不断生长,由尖锐的纳米带状结构构成的层状 TiO_2 微球逐渐变得更加完整且分布均匀;若其反应时间进一步延长至 150 min,纳米带状结构则转变成纳米线。Sikhwivhilu 等采用微波加热和传统水热处理二氧化钛粉末制备了 TiO_2 纳米管结构,考察了加热方式对产物结构及物相组成及其热稳定性的影响。结果表明:采用微波加热可制备出不含钾的且具有更好热稳定性的 TiO_2 纳米管结构。微波加热合成的纳米管在 700 ℃下热处理后,仍可保持平滑的纳米管结构;而在相同温度下热处理传统水热合成的纳米管后,其已转变成了纳米棒结构。

Yang 等以 $Ti(SO_4)_2$ 和 $CO(NH_2)_2$ 为原料,在 180 ℃下微波水热合成了粒径均匀、结晶良好的纳米 TiO_2 微球。由于微波能快速、均匀加热,其反应时间可缩短至 30 min,相比于传统加热,其反应时间减少了一个数量级。研究发现,微波合成反应温度为 $120 \sim 160$ ℃,制备的球形颗粒直径都维持在 0.5 μm 左右;从纳米 TiO_2 微球颗粒表面 TEM 图可知,随着温度的升高,微球内孔径可控制在 $5 \sim 10$ nm。Yang 等还进行了 N_2 吸附–脱附实验,结果表明:微波合成的纳米 TiO_2 微球具有丰富的介孔结构,其比表面积可达 124 m^2/g。将其用于处理含 Cr(Ⅵ)和 MO(甲基橙)的废水可表现出高的催化活性。

②纳米 ZnO。Cho 等采用低功率微波(50 W)辅助加热,通过改变原料种类、配比和陈化时间等因素在 90 ℃下水热反应制备了不同形貌的纳米 ZnO,包括棒状、针状、盘状、星状和微球等。Cho 等对不同酸碱体系反应机制进行研究后认为,当采用环六亚甲基四胺和 H_2O 提供 OH^- 时,整个体系呈弱酸性,其反应过程为:

$$(CH_2)_6N_4 + 6H_2O \longrightarrow 4NH_3 + 6HCHO \tag{3.1}$$

$$NH_3 + H_2O \longrightarrow NH_4^+ + OH^- \tag{3.2}$$

$$Zn^{2+} + 2OH^- \longrightarrow ZnO + H_2O \tag{3.3}$$

而当采用 NH_3 和 H_2O 提供 OH^- 时,体系呈强碱性,其反应过程为:

$$NH_3 + H_2O \longrightarrow NH_4^+ + OH^- \tag{3.4}$$

$$Zn^{2+} + 4OH^- \longrightarrow Zn(OH)_4^{2-} \tag{3.5}$$

$$Zn^{2+}+4NH_3 \longrightarrow Zn(NH_3)_4^{2+} \tag{3.6}$$

$$Zn(OH)_4^{2-} \longrightarrow ZnO+H_2O+2OH^- \tag{3.7}$$

$$Zn(NH_3)_4^{2+}+2OH^- \longrightarrow ZnO+4NH_3+H_2O \tag{3.8}$$

2)微波加热合成硫化物纳米颗粒

①纳米 ZnS。Zhao 等考察了微波作用下不同锌源 [Zn(Ac)$_2$、ZnSO$_4$、Zn(NO$_3$)$_2$]对纳米 ZnS 颗粒合成的影响。结果表明,合成产物晶体的衍射峰分别对应于立方结构 ZnS 晶体的 (111)、(200)、(220)和(311)晶面,通过 Debye-Scherrer 公式计算,其晶体尺寸分别为 2.9 nm、3.9 nm 和 10.5 nm。TEM 分析表明:以 Zn(Ac)$_2$ 为锌源合成的纳米 ZnS 颗粒通过自组装获得的尺寸为 300 nm 的球形结构,并形成了规则的多孔网状结构;而以 ZnSO$_4$ 和 Zn(NO$_3$)$_2$ 为锌源时,形成非均匀分布的纳米 ZnS 颗粒。

②纳米 CdS。Hu 等以镉为原料,以乙二胺四乙酸为模板,通过微波辅助水热合成层状空心球形纳米 CdS。研究表明,在微波辅助水热条件下,在不添加 EDTA 模板剂的情况下,就可合成出结晶良好的 CdS 晶体。根据 Debye-Scherrer 公式计算,其颗粒大约为 30 nm。通过分析晶体微观形貌,发现中空纳米 CdS 球形颗粒的直径为 400～600 nm,主要由大小为 30 nm 的球形颗粒通过自组装形成。

3)微波加热合成有机金属骨架材料

金属-有机骨架(metal organic frameworks,MOFs)材料是一种利用有机配体与金属离子间的配位作用通过自组装形成的具有周期性网状骨架结构的多孔材料,具有孔隙率高、孔结构可控、比表面积大、化学性质稳定、制备过程简单等优点。这种材料在气体存储、吸附分离、选择性催化、生物传导材料及光电材料、磁性材料等方面都有着重要应用,在性能上远超于传统无机多孔材料,被认为是较为先进的多孔材料。

(1)微波加热对 MOFs 材料合成反应的影响

金属-有机骨架材料合成方法主要有扩散法、搅拌合成法、水热(溶剂热)合成法等,由于水热合成法具有制备过程简单、晶体生长完美等优点,得到了广泛研究。然而,传统的水热合成 MOFs 材料过程往往需要数天,制备效率极低。近年来,许多研究表明采用微波合成 MOFs 材料,可大幅度减少晶体生长所需的时间,并且合成的材料孔径分布更加集中。

Choi 等考察了微波功率、微波反应时间、温度、溶剂浓度和基质组成等参数对合成的 MOF-5 结晶度及形貌的影响,并与传统加热在 105 ℃合成 24 h 条件下可得到的 MOF-5 进行了对比。研究表明:微波反应 15 min 即开始结晶,30 min 即可形成结晶良好的晶体;而传统加热 12 h 才开始结晶,24 h 才能形成结晶良好的晶体。另外,加热方式对晶体尺寸的影响较大,传统加热合成的 MOF-5 粒径为 500 μm;微波加热合成的 MOF-5 粒径范围集中在 20～25 μm;若采用微波加热进一步处理 30 min,MOF-5 晶体开始发生降解并形成表面缺陷。

(2)微波加热合成对 MOFs 材料性能的影响

①气体分离。Bae 等分别采用(80 ℃、2 d)和微波加热(120 ℃、1 h)两种方式合成了具有混合配体的 Zn$_2$(NDC)$_2$(DPNI)晶体材料,所得产物具有相似的 XRD 衍射图,但它们的吸附主能却有差异。研究表明:1-M′晶体材料具有较小的比表面积、孔容和孔径。在较低压力下对 CO$_2$ 的吸附选择性远高于 CH$_4$。因此,微波加热合成的 MOF$_5$ 材料可用于从 CH$_4$ 中分离 CO$_2$,尤其在天然气净化分离工业过程中有望得到应用。因此,微波加热有望得到应用。Cho 等研究表明微波加热 1 h 制备的 C-MOF-74 晶体材料具有与传统加热 24 h 的产物相近的比表面

积,其在天然气净化分离工业过程中用溶剂热合成的方式制备了高质量的 Co-MOF-74 晶体材料。

②多相催化性能。Tomigoid 等采用传统溶剂热合成(二甲基甲酰胺作溶剂,120℃)和微波加热合成的方式制备了 Co-MOF 材料,其结构类似于 Zn-MOF-5,但含有活性氧化还原单元。这种材料在以叔丁基过氧化氢为氧源的环己烯的氧化反应中具有很好的选择性。主要产物为叔丁基-2-环己烯基-1-过氧化物。Tonigold 等认为其催化活性的增强,主要由于微波加热反应过程可生成更小尺寸的晶体颗粒。

3.3.2 微波有机反应

1)微波辅助有机合成技术简介

1986 年,R. Gedye 小组和 R. J. Giguere 小组首次利用微波照射技术促进有机反应。在微波辅助合成的早期,由于使用的是改造的家用微波炉进行反应,缺乏可控性并且存在一些潜在危险,其应用范围受到限制。随着专用微波反应器的发明,微波辅助技术已经实现了对反应温度、时间、压力的在线监控,促进了微波有机合成(microwave assisted organic synthesis,MAOS)技术的发展。在大多数有机合成领域中,微波合成技术都起到了重要作用,包括无溶剂有机合成以及水相有机合成。目前,很多学术界和工业界的研究人员已经采用微波有机合成技术作为快速优化反应条件和探索新反应的重要手段。

2)微波热效应

热效应是指化学反应在微波条件下的加热与传统方法的加热没有本质的区别,而之所以能够引起"微波热效应",是因为这两种加热方法的加热方式不同,详见表 3.1。传统加热是通过外部的热源,经过热传导或者热交流实现从外到内的加热,加热过程中会出现热量损失,随着高速搅拌反应体系可以均匀缓慢升温。而微波加热属于分子内加热,反应物通过微波电磁场的改变,使反应分子偶极化,随着反应分子的转动、碰撞和摩擦,将微波能量转化为传统的热量来体现,从而实现体系的升温。所以,微波升温的速率是与反应物质的极性相关的,会出现很多不同温度的区域,而且微波反应大多是在密闭的黑箱中反应,升温过程不存在热量的损失,微波条件下可以达到快速升温。

表 3.1　微波加热与传统加热的对比

传统加热	微波加热
慢	快
器壁效应	无器壁效应
慢热传导/热对流	快耦合作用
无溶剂过热效应	溶剂过热效应
表面加热	分子内加热
分子极性无关	与分子极性有关

3)微波非热效应

在微波条件下的反应,由于电磁场的存在会改变反应的动力学参数,现在多数研究人员认为可能改变的是阿伦纽斯方程的指前因子 A 或者反应活化能 E_a,以此解释微波照射下许多可以发生的反应在传统加热条件下不能重现的原因。Loupy 提出的微波非热效应认为微波效应主要影响因素为反应物质和反应机理。在理论上,微波场按照一定的频率在不断变化,分子根据自身的耦合能力滞后发生转动,随着时间的变化达到运动平衡。从宏观上分子在微波场中呈现的是杂乱无章的转动以及碰撞,但是在微观上,分子的运动是定向的,而且分子中包含着各个类型的能级。所以,在微波场下,分子的高速运动会增加分子间的碰撞概率,从而影响动力学方程的指前因子 A。同时,分子的高速运动也会引起反应体系熵的增加,从而减小反应中某一不稳定状态下的活化能。而从反应动力学上来说,虽然微波的频率较低,能量也相对较小,无法直接断裂化学键和氢键。但是微波作用的对象并不是一个稳定状态的化学键,它有可能作用于反应中化学键断裂和生成的过程,也就是化学键能量相对较低的状态下,微波可能参与化学键的断裂和生成从而促进反应进程,以及实现传统加热条件下不能发生的反应。

同步升温实验:使用等物质量的反应底物,在微波加热和油浴加热的不同加热的条件下,用相同的升温速度,加热到相同的实验要求的温度。之后来比较前后两者的反应效率以及化学的选择性。如果两个实验前后的结果存在很大的差异,则说明存在"非热效应",否则,证明不存在"非热效应",即都是"热效应"引起的现象。

Loupy 等课题组采用"同步升温实验",通过三苯基磷和节氯无溶剂的条件下合成了溶液 [PPh_4] Cl。在反应中,反应物的极性很弱,而生成物的极性很强,而反应物的过渡态中间体的极性也很强。如果在微波条件下,产物中间体的过渡态能够稳定,降低中间体的活化能,那么微波加热和油浴加热的条件下,两者的产率会有很大的不同,而这也是证明"非热效应"的经典实验。于是 Loupy 将反应温度设置成 100 ℃,反应时长为 10 min。微波反应器使用 Prolabo synthwave 402,外部安装检测反应温度的红外温度计。而油浴条件是先预热到 100 ℃ 再进行加热。实验结果显示,油浴加热产率为 24%,而微波加热产率为 78%。因此,Loupy 团队认为微波中"非热效应"是存在的。

但是,也有部分学者研究了关于微波反应器中测温方法与实际温度的差异问题,并将这种温度测量误差纳入过热效应中。Herrero 等通过使用精确温度计获取了微波反应器中反应容器上、中及下部与仪器红外测温探头所示数值比较,认为在现有微波反应器中温度的测量是偏离实际溶液温度的,容器上部液体可以高出探头温度 30~40 ℃,由于这部分温度差异的存在,多数文献仅报道仪器自带红外探头的温度,使得同温度下微波条件的反应速率比常规加热要快:实际上仅仅是温度比常规要高。

Kappe 团队对 Loupy 的研究提出了质疑,他们认为该实验测温系统不准确,他们仅测定了外部的红外温度,而温度计放在了反应容器的底部,只能测定反应的局部温度,如果反应体系存在一定的温度梯度,那么此测量温度不能作为反应过程中的真实温度。为了了解反应过程中的准确温度,Kappe 等人改进了微波反应器,重新测定"同步升温实验"。为保证测定不同位置的准确反应温度,他们在反应容器内部加入了上、中、下 3 个光纤温度计,在反应器外部加上像原来一样的红外温度计。整个反应也改成了光纤反应保护套,将反应的响应时间调整为 1 s,缩短了光纤温度的计时时间。

Kappe 认为该反应无溶剂和固体升温反应,因为反应体系内部热传导不均匀,导致反应体系升温曲线很复杂。而且传统加热方法是不能重现微波条件下的升温曲线,并且在温度测定方面有很大的误差,,不能准确测定出反应的实际温度。所以不能贸然下结论。

在以上实验的基础上,Kappe 采用了新的实验方法,在微波条件下进行快速搅拌,消除了微波条件下升温产生的温度梯度。使用内部、外部温度探针来实时监控反应温度,通过油浴和微波照射条件来进行"Diels-Alder 同步升温对比实验",实验结果表明反应的产率与反应的时间以及加热的温度有关,与加热的方式没有关系。

3.4 微波萃取

3.4.1 概述

近年来,随着社会、经济、科技的进步,有机化合物的萃取和分离技术得到了长足的发展。超临界萃取技术、微波辅助萃取技术等已被广泛用于有机物的分离和萃取。其中,微波萃取技术的应用可显著提高提取效率,在处理食物时,还可以保留原料本身的有机成分。

微波萃取又称微波辅助提取,是指使用适当的溶剂在微波反应器中从植物、矿物、动物组织等中提取各种化学成分的技术和方法。在应用过程中,食物中的极性分子很容易被加热,导致其发生剧烈的反应。微波萃取技术是一种高效、快速、能够实现自动提取的技术。20 世纪80 年代,我国首次将微波技术用于有机化合物的提取,在此期间,国内外学者纷纷开展了大量的研究和试验,以证实其在有机化合物中的作用。目前,微波萃取技术已在有机化合物中得到了广泛应用,微波技术在生物分析、环境分析、食品分析以及医药提取等方面的应用也越来越广泛。特别是在某些样品预处理方面的应用中,微波萃取技术有着其他提取技术难以替代的优越性。

1)微波萃取技术原理

微波萃取技术是以微波为热源,对系统进行直接加热的一种提取方法。因为各种材料的介电常数不同,所以它们对微波能量的吸收能力也不同,所产生的热能和向周围环境传输的热量也不同。微波条件能对提取系统中的各成分进行选择性加热,使样品中的有机物质被高效地分离,并进入具有较低介电常数的萃取溶剂中,从而达到分离有机物的目的。

2)微波辅助提取技术特征

①快且高效。在高频微波场下,样品和溶剂中的极性分子在短时间内会产生大量的热,而极性分子的快速移动会引起弱氢键断裂和离子迁移,从而加快被提取物的渗入速度,大大缩短了被分离的组分的溶解率。

②加热均匀。微波加热采用内部加热,能够形成一种特殊的材料受热模式,使整个试样在没有温度梯度的情况下都能得到均匀加热。

③选择性加热。在高频微波场中,微波辐照可以被认为是"透明"的,因为各种材料的介电常数不同,因此它具有选择性的加热特性。溶质、溶剂的极性越大,吸收微波能量越高,加热越快,越有利于萃取速率;而在非极性溶剂中,微波的加热效果很小。

④生物效应(非热特性)。由于大部分生物都含有极性的水分子,因此,在微波电场的作用下,会产生很强的极性振动,使细胞内的分子发生氢键断裂,细胞膜结构发生电击穿,从而有利于基质的渗入和提取组分的溶解。

⑤高效性。与其他提取工艺比较,微波辅助提取技术可以降低提取试剂的使用量,如MAE 在样品分析中,提取液的用量为 30～40 mL。微波辅助提取技术能在同一条件下对不同的样品进行连续提取,目前一次最多能提取 12 个样品。

3.4.2 微波萃取技术的工艺流程及技术要点

1)工艺流程

微波辅助提取技术工艺是一项十分复杂的工序,可分为 5 个步骤:
①将目标物质从样本体内解吸附。
②靶材在整个样本体内散布。
③提取液中的靶材溶解。
④在提取溶剂中扩散目标物。
⑤收集靶标。

2)原料预处理

与其他提取工艺相同,为了增加提取液与试样的接触面积,提高提取效果,通常在微波辅助提取技术前进行破碎处理。在实验室中使用微波辅助提取技术进行定量测定时,应注重提取物的均匀度和代表性。

3)萃取溶剂的选择

由于各种材料的介电常数不同,在微波辅助提取技术的应用过程中,如何选取萃取溶剂十分关键。在选择萃取溶剂时,需要注意:在微波条件下,溶剂应为透明的或半透明的,同时要具有一定的极性;溶剂处理组分具有很好的溶解性;溶剂对提取组分的影响很小。另外,提取溶剂的沸点也要加以考虑。目前常用的萃取溶剂有正己烷、二氯甲烷、甲醇和乙醇等。萃取溶剂具有一定的极性是微波辅助提取技术必需的,但如果采用甲苯、正己烷等非极性溶剂,则需要再添加一种或几种极性溶剂,以提高其介电常数。因此,萃取溶剂可以是一元体系、二元体系、多元体系,具体的萃取体系要依据样品性质、萃取对象性质、萃取前的试验结果来确定。对于提取溶剂的体积,有科研人员对试样质量分数与溶剂体积比的关系进行了探讨,发现试样质量与溶剂体积比为(1∶5)～(1∶3)时,提取物的回收率达到 100%;而在试样质量分数与溶剂体积比为 1∶2 时,提取目标回收率仅为 70%～88%。

4)微波辐射条件的选择

微波频率、微波功率、辐射时间等因素都会对提取效果产生影响,不同的提取目标使用的微波辐照条件不同。有学者根据不同的提取材料,对微波辅助提取技术的提取条件进行了探讨,以确定最佳的微波辅助提取技术提取工艺。以迷迭香和薄荷为例,当微波功率由 200 W 增加至 640 W 时,其他条件相同,提取率随微波功率的增大而增大。

5)微波萃取温度的选择

在高压条件下,萃取溶剂的沸点较高,微波辅助提取技术能达到常压下萃取溶剂所不能达到的萃取温度,从而提高萃取速率,避免了物质的分解。随着萃取温度的增加,萃取目标物质的回收率也随之增加。

6)冷却

由于微波的热传导作用,提取系统在辐照后温度很高,通常采取一段冷却的方法来保证目标物质的质量。在冷却期间,溶剂提取还在进行,因此在每次微波照射后,要给系统一个充分的冷却时间,否则会降低提取目标物质的数量和提取速率。

7)萃取溶剂与萃取组分分离

在传统的萃取工艺中,通常使用溶剂蒸发(常压蒸发、减压蒸发)、色谱等,对萃取溶剂和萃取组分进行分离,使回收的溶剂能够再利用。

3.4.3 技术应用

1)微波萃取食品植物中的油脂

微波萃取技术被应用在油脂的提取中,能够使花生油的出油率明显高于常规提取方法,为农业产业的发展作出了一定的贡献。目前,利用微波萃取技术提取食品中的植物油脂,已取得了一定的应用效果。例如,国外的一次葵花油试验就证实了微波技术对葵花油的萃取效果要优于传统技术。此外,对西番莲子油、鳗鱼骨油的提取试验也证实了微波萃取技术在食用植物油脂中的应用具有一定的优势。

2)微波萃取挥发性化合物

利用微波萃取技术提取挥发性物质,主要是针对食品中某些易挥发的油脂进行提取。该方法在实践中得到了有关专家的验证,且取得了良好的效果。例如,利用微波技术提取天竺葵精油可以较好地防止挥发性化合物的挥发。

3)微波萃取技术在食品工业中的应用

微波萃取技术被广泛地应用在蔬菜、水果、牛奶、面包、面条、调味品以及各种食物的干燥中,还可以用于肉类的解冻、谷物的防虫、防霉、陈化催熟。经过十余年的发展,各类专用工业微波设备已发展为真空、杀菌、烘焙和热烫等多种类型。微波萃取技术在食品中的应用,不仅提高了提取速度,还节约了在检测过程中所消耗的能量。国内外对微波辅助萃取技术在挥发油等方面的提取中已申请了一系列专利。专利显示,在提取薄荷精油时,以乙烷为溶剂,微波诱导提取 20 s,水蒸气蒸馏 2 h,索氏提取 6 h,提取的精油产品品质良好。除此之外,采用微波萃取技术可以从莳萝籽、芫姜、藿香、甘牛至、龙篙、牛膝、薄荷、鼠尾草、百里香以及丁香等中提取植物精油,其品质为蒸气蒸馏的同类产品。

4)微波烘焙技术在焙烤与膨化中的应用

微波烘焙技术可以缩短面包的醒发时间,但由于烘焙质量差,必须与传统的烘焙方法相结合,使其表面褐变,或采用专用的容器或包材,或用容易产生褐变的添加剂。研究人员将微波技术应用在熏肉、肉饼和禽类中,发现该技术可以有效降低成本,提高生产率。法国雀巢公司用 2 450 MHz、10 kW 的微波装置来烘烤可可豆,烘焙时间是热风烘烤的 1/2,生产能力可达 70 ~ 120 kg/h。

5)微波消解技术在微量元素测定中的应用

微波消解技术是一种检测微量元素的良好方法。水是一种典型的极性分子,采用水作为溶剂和反应系统,在微波条件下进行化学反应具有以下优点:

①样品和试剂的数量大幅度降低。

②降低了交叉污染的可能性,降低了挥发性材料的损耗,实现了分解的自动化。

研究者利用微波消解技术对食物中的砷、锰进行了化学分析,发现 As 的回收率在 90% ~ 115%,CV 为 1.7% ~4.2%,Mn 的回收率为 94.0% ~ 98.8%,CV 为 1.0%,符合分析的需要。

6）在其他领域的应用

有文献报道,目前已有许多学者将微波技术应用在土壤分析、环境化学和石油化学分析等领域,并进行了广泛探讨。结果发现,微波技术能够实现对土壤中难降解有机物的去除,并取得了良好的效果。此外,采用微波技术能显著减少操作时间、简化工艺,同时还能显著改善土壤中稀土的活性。

思考题与课后习题

1. 微波加热机理主要有哪些?
2. 微波加热与传统加热相比较,有哪些优势?
3. 微波辅助提取技术的工艺流程及技术要点是什么?

参考文献

[1] 金钦汉. 微波化学[M]. 北京:科学出版社,2001.

[2] MISHRA R R,SHARMA A K. Microwave-material interaction phenomena:Heating mechanisms, challenges and opportunities in material processing[J]. Composites Part A:Applied Science and Manufacturing,2016,81:78-97.

[3] ZHANG J J,LI L,LI Y X,et al. Microwave-assisted synthesis of hierarchical mesoporous nano-TiO$_2$/cellulose composites for rapid adsorption of Pb^{2+}[J]. Chemical Engineering Journal, 2017,313:1132-1141.

[4] ZHAO Y,HUANG Z D,CHANG W K,et al. Microwave-assisted solvothermal synthesis of hierarchical TiO$_2$ microspheres for efficient electro-field-assisted-photocatalytic removal of tributyltin in tannery wastewater[J]. Chemosphere,2017,179:75-83.

[5] SIKHWIVHILU L M,MPELANE S,MWAKIKUNGA B W,et al. Photoluminescence and hydrogen gas-sensing properties of titanium dioxide nanostructures synthesized by hydrothermal treatments[J]. ACS Applied Materials & Interfaces,2012,4(3):1656-1665.

[6] YANG Y,WANG G Z,DENG Q,et al. Microwave-assisted fabrication of nanoparticulate TiO$_2$ microspheres for synergistic photocatalytic removal of Cr(VI) and methyl orange[J]. ACS Applied Materials & Interfaces,2014,6(4):3008-3015.

[7] CHO S,JUNG S H,LEE K H. Morphology-contolled growth of ZnO nanostructures using microwave iradiation:From basic to complex structures[J]. Journal of Physics and Chemistry C, 2008,112:12769-12776.

[8] ZHAO Y,HONG J M,ZHU J J. Microwave-assisted self-assembled ZnS nanoballs[J]. Journal of Crystal Growth,2004,270(3/4):438-445.

[9] HU B Y,JING Z Z,HUANG J F,et al. Synthesis of hierarchical hollow spherical CdS nanostructures by microwave hydrothermal process[J]. Transactions of Nonferrous Metals Society of Chi-

na,2012,22:s89-s94.

[10] CHOI J S,SON W J,KIM J,et al. Metal-organic framework MOF-5 prepared by microwave heating:Factors to be considered[J]. Microporous and Mesoporous Materials,2008,116(1/2/3):727-731.

[11] BAE Y S,MULFORT K L,FROST H,et al. Separation of CO_2 from CH_4 using mixed-ligand metal-organic frameworks[J]. Langmuir,2008,24(16):8592-8598.

[12] CHO H Y,YANG D A,KIM J,et al. CO_2 adsorption and catalytic application of Co-MOF-74 synthesized by microwave heating[J]. Catalysis Today,2012,185(1):35-40.

[13] TONIGOLD M,LU Y,BREDENKÖTTER B,et al. Heterogeneous catalytic oxidation by MFU-1:A cobalt(II)-containing metal-organic framework[J]. Angewandte Chemie (International Ed in English),2009,48(41):7546-7550.

[14] GEDYE R,SMITH F,WESTAWAY K,et al. The use of microwave ovens for rapid organic synthesis[J]. Tetrahedron Letters,1986,27(3):279-282.

[15] GIGUERE R J,BRAY T L,DUNCAN S M,et al. Application of commercial microwave ovens to organic synthesis[J]. Tetrahedron Letters,1986,27(41):4945-4948.

[16] GAWANDE M B,SHELKE S N,ZBORIL R,et al. Microwave-assisted chemistry:Synthetic applications for rapid assembly of nanomaterials and organics[J]. Accounts of Chemical Research,2014,47(4):1338-1348.

[17] HAYES B L. Microwave Synthesis:Chemistry at the Speed of Light [M]. Matthews,NC,USA:CEM Publishing,2002.

[18] SCHANCHE J S. Microwave synthesis solutionsfrom Personal Chemistry[J]. Molecular Diversity,2003,7(2/3/4):293-300.

[19] KAPPE C O. Controlled microwave heating in modern organic synthesis[J]. Angewandte Chemie International Edition,2004,43(46):6250-6284.

[20] DE LA HOZ A,DÍAZ-ORTIZÁ,MORENO A. Microwaves in organic synthesis. Thermal and non-thermal microwave effects[J]. Chemical Society Reviews,2005,34(2):164-178.

[21] 孙海燕,王卫京,毛在砂. 各向异性 k-ε 湍流模型在 Rushton 桨搅拌槽三维流场整体数值模拟中的应用[J]. 化工学报,2002,53(11):1153-1159.

[22] 毕琳,姜颖,王一冉. 食品安全检测中化学技术的应用[J]. 食品安全导刊,2021(34):155-157.

[23] GAWANDE M B,BONIFÁCIO V D B,LUQUE R,et al. Benign by design:Catalyst-free in-water,on-water green chemical methodologies in organic synthesis [J]. Chemical Society Reviews,2013,42(12):5522-5551.

[24] GAWANDE M B,BONIFÁCIO V D B,LUQUE R,et al. Solvent-free and catalysts-free chemistry:A benign pathway to sustainability[J]. ChemSusChem,2014,7(1):24-44.

[25] POLSHETTIWAR V,VARMA R S. Aqueous microwave chemistry:A clean and green synthetic tool for rapid drug discovery[J]. Chemical Society Reviews,2008,37(8):1546-1557.

[26] GAWANDE M B,BRANCO P S. ChemInform abstract:An efficient and expeditious fmoc protection of amines and amino acids in aqueous media [J]. ChemInform, 2012, 43 (15):

3355-3359.

[27] POLSHETTIWAR V, VARMA R S. Tandem bis-aldol reaction of ketones: A facile one-pot synthesis of 1,3-dioxanes in aqueous medium[J]. The Journal of Organic Chemistry, 2007, 72 (19): 7420-7422.

[28] HOZ A D L, LOUPY A. Microwave frequency effeets in organic synthesis [M]. Wiley-VCH Verlag GmbH & Co. kGaA, 2012.

[29] PERREUX L, LOUPY A. A tentative rationalization of microwave effects in organic synthesis according to the reaction medium, and mechanistic considerations[J]. Tetrahedron, 2001, 57 (45): 9199-9223.

[30] HERRERO M A, KREMSNER J M, KAPPE C O. Nonthermal microwave effects revisited: On the importance of internal temperature monitoring and agitation in microwave chemistry[J]. The Journal of Organic Chemistry, 2008, 73(1): 36-47.

[31] KOZYREV A, IVANOV A, SAMOILOVA T, et al. Nonlinear response and power handling capability of ferroelectric $Ba_xSr_{1-x}TiO_3$ film capacitors and tunable microwave devices[J]. Journal of Applied Physics, 2000, 88(9): 5334-5342.

[32] KAPPE C O, PIEBER B, DALLINGER D. Microwave effects in organic synthesis: Myth or reality? [J]. Angewandte Chemie International Edition, 2013, 52(4): 1088-1094.

[33] 李盼盼, 胡钦锴, 张敏. 微波真空干燥技术研究进展[J]. 食品安全导刊, 2022(20): 175-177.

[34] 郁海勇, 张天娇. 低真空微波干燥技术研究[J]. 现代应用物理, 2022, 13(3): 125-130.

[35] 徐嘉, 邢荣平, 焦建伟, 等. 微波技术在杂粮食品加工中的应用[J]. 农业开发与装备, 2019 (11): 156.

[36] 何军, 刘艇飞, 陈彤等. 微波条件对食品接触材料化学迁移的影响[J]. 包装与食品机械, 2015, 33(1): 1-4.

[37] 马瑾. 微波消解技术在分析化学中的应用[J]. 化纤与纺织技术, 2021, 50(1): 74-75.

[38] 曹芸榕, 吴任之, 饶钧玥, 等. 微波及其联合杀菌技术在食品中的应用研究进展[J]. 微生物学杂志, 2023, 43(3): 113-120.

第4章
催化过程强化

4.1 概述

化工产品的制造大多数依赖于催化反应过程,约有 80% 的化学反应为催化反应过程。多相催化反应主要涉及多相传递过程和反应过程。化工生产过程中绝大部分单元操作涉及多相体系,特别是多相反应体系中物质之间的传质效率会极大地影响反应效果,因此开发出传质效率高的反应器便显得尤为重要。针对某些催化反应体系,当催化剂用量较低时,反应速率随着催化剂用量的增大而提高,反应处在反应动力学控制的阶段;当进一步提高催化剂用量时,反应速率提高的速度逐渐放缓,反应处于传质控制阶段。而宏观反应速率与传质阻力有较为密切的联系,为了强化催化过程,不同种类的催化反应器应运而生。

4.2 静态混合反应器

静态混合反应器是一类由反应管和在内部设置有静止的特殊结构构件组成的反应器。当两种或多种流体通入时,静态混合反应器内构件对流体进行的剪切、切割、旋转等作用,使流体自行混合、搅拌,从而达到均匀混合。研究发现,这种混合不仅能够大幅度降低传质阻力,提高传质效率和传热效率,且在化工生产中可以连续化生产,因此静态混合反应器在多相反应体系得到了广泛应用。目前主要应用于气液反应、气液固反应、液液反应、液固反应等反应体系。

静态混合反应器最早是由美国 Kenics 公司研制成功的,由于不需要额外的动力装置,且可进行连续生产,因而被广泛应用于连续混合和传热过程工业中。对于层流和湍流来说,静态混合器对流体的作用也有很大的差别,对于层流是"分割、位移、重新混合"的三要素对流体周期性作用,对于湍流,除了三要素以外,黏性作用导致剪切力作用于流体,在纵向或横向产生的剧烈涡流同样促进了流体间相互掺混。时至今日,不同形式、不同用途及不同性能的静态混合器被陆续研发出来,具体如图 4.1 所示,并受到国内外各行各业青睐。

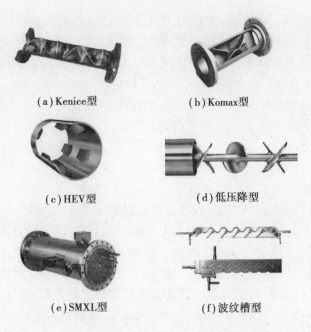

(a) Kenice 型   (b) Komax 型

(c) HEV 型   (d) 低压降型

(e) SMXL 型   (f) 波纹槽型

图 4.1　各种静态混合反应器示意图

4.2.1　气液反应体系

气液两相反应的反应效率取决于两相流体的传质系数,以及流体之间的接触面积。传统的气液反应器分为搅拌式反应器和塔式反应器。在常规气液两相反应器中,因气液两相流体密度差异大,气体容易发生聚并现象,影响两相的传质,进而无法得到良好的反应效果。静态混合器内部的特殊构件可以对气液流体进行剪切,使流体的混合效果显著提升;同时还可以将气体剪切成为微小气泡,防止气体聚并,从而提升气液两相的接触面积。与传统气液反应塔设备相比,静态混合反应器克服了传质效率低、能量耗费大、混合时间长等缺点,同时其可实现连续化生产。也正是因为这些显著优势,静态混合反应器在氢化反应、污水处理等方面得到了广泛应用。Madhuranthakam 等探究了在 138 ℃、3.5 MPa 的条件下,Kenics KMX 型静态混合反应器内催化剂浓度和反应停留时间对丁腈丁二烯橡胶加氢过程的影响,发现在最佳操作条件(氢气体积流量为 200 mL/min,催化剂与反应物摩尔比为 0.0335%)下丁腈丁二烯橡胶加氢转化率可以达到 97%(传统连续搅拌式反应器的转化率不超过 90%)。同时,将该过程进行连续化操作可以实现在间歇反应中不可能实现的控制和自动化水平。

4.2.2　气液固反应体系

气液固三相反应在化工生产过程中较为常见,通常为固体作为催化剂催化气液反应物的非均相反应。非均相反应的选择性和收率较均相反应要低,也存在催化剂的回收再利用的问题。静态混合器用于气液固反应体系时,通常采用喷涂、沉积、3D 打印等方法将固体催化剂固定于内构件表面形成新型静态混合反应器(catalytic static mixer,CSM)。在静态混合器内气液两相流体在内构件表面发生催化反应。以上方法是一种通用、高效、坚固的工艺强化工具,被广泛应用于多种材料的加氢反应。

Hornung 等采用 3D 打印技术制作 CSM,图 4.2 为 CSM 涂覆催化剂后的内构件照片,考察了静态混合器内烯烃、炔等反应物连续加氢过程。结果表明,采用 3D 打印技术不仅可以将生产成本降低至 10%,而且可以根据物料特性来定制内部构件。James 等采用 3D 打印技术制造出的 CSM 可用于催化合成医药中间体利奈唑胺。研究发现,在内构件上固定有钯催化剂的静态混合器内,以四氢呋喃为溶剂,120 ℃、3 MPa,气液体积流速比 3:1 的条件下反应物转化率可达到 99%,目标产物选择性 100%,生产能力是常规反应器的 3 倍,而且催化剂与静态混合器表面结合良好,连续运行 1 年活性并未显著降低。然而,该新型反应器的成本为商用常规反应器的 10~100 倍。Nguyen 等采用冷喷涂技术将 Ni 或 Pd 涂覆在 3D 打印的静态混合器内构件上,并用于醋酸乙烯加氢生成乙酸乙酯的反应。研究发现,在 120 ℃、1.2~2.0 MPa 条件下,反应物转化率可达 94%;且 CSM 可以在长期运行中保持良好的催化活性,在稳态条件下催化剂的 TOF 为 26.9 h^{-1},时空产量为 875 g/(L·h)。Zhu 等采用 3D 打印技术制造出固定有 Pd/Al$_2$O$_3$ 催化剂的静态混合反应器,并在一定的反应条件(120 ℃、1.2 MPa、液体流量 10 mL/min、氢气流量 140 mL/min 等)和转化率(32%)的情况下,分别对比该反应器与常规填料床反应器的性能。结果表明,该反应器具有更优异的散热性能,同时能够降低反应压降,节省能量的损耗。Avril 等将镍或铂喷涂在 KMX 型静态混合器的内构件表面,考察了该静态混合器中催化剂种类(镍基或铂基催化剂)、停留时间、气液比和反应温度对肉桂醛加氢反应的影响。结果表明,在 140 ℃、停留时间 6 min、气液流速比等于 5、氢气压力为 1.6 MPa 的条件下,反应物转化率可达到 99%,由于氢气在催化剂表面的竞争吸附作用,反应温度最高不能超过 140 ℃。在相同实验条件下,铂基催化剂的活性高于镍基催化剂,静态混合器优异混合特性可以减少死区和降低副产物形成。Kundra 等以钯或镍包覆内构件的静态混合器为反应器,探究了压力、温度、停留时间等工艺参数对 2-甲基-3-丁基-2-醇和 2-丁基-1,4-二醇部分加氢过程的影响。结果表明,在最优化条件下(压力 0.8 MPa、温度 100 ℃、停留时间 6 min、气液流速比为 2)可以获得高达 87% 的烯烃产率、90% 以上的目标产物选择性和 3.0 kg/(L·h)的时空产量。其中,反应压力是最为重要的影响因素,压力升高时,反应的转化率会显著增加,但选择性会降低。

图 4.2　涂覆催化剂后的内构件照片

由以上可知,将催化剂喷涂在静态混合器内构件上可以很好地解决催化剂的回收问题,且可以改善反应效率,提高催化剂的选择性。然而采用喷涂的方法所生产的 CSM 催化剂稳定性较低,在湍动流体的条件下容易造成催化剂的脱落;相比而言 3D 打印的方法可以很好地改善这一问题,但是该方法目前成本较高,难以实现大规模生产。另外,当催化剂为金属催化剂时,可以利用静态混合器改良反应工艺,但当催化剂为金属氧化物或其他熔点较高的物质时很难使用,因此采用静态混合器改良气液固反应仍存在一定的局限性。

4.2.3　液液反应体系

传统的液-液两相反应过程主要依托于搅拌釜式反应器,通常存在耗时较长、混合存在死区等缺点,因此研究者们一直都在寻求新的替代反应器。静态混合器因内部构件对流体的切割作用可以使流体达到自行混合增大反应物的传质,从而提升反应效率,同时可以应用于不同黏度的液液反应体系,因此在生物柴油制备、环氧化等多种反应过程中均得到了广泛应用。Niseng 等采用 5 m 长的 SM 静态混合器管作为反应器,以精制棕榈油和甲醇为反应物,氢氧化钾作为催化剂,在 30 ℃、反应时间为 60 min 的条件下制备生物柴油。结果表明,当甲醇与油摩尔比为(6.5 ~ 6.9)∶1,油与氢氧根摩尔比为 1∶(0.27 ~ 0.32)时,产物的质量分数可以达到98.6%。

4.2.4　液固反应体系

静态混合器应用于液固反应体系时,通常是将催化剂固定于内部构件上形成薄膜,进而与通入内部的液体发生反应。该工艺的目的是增加原料液在反应器中的停留时间,从而获得更大的两相接触面积进而提升反应效率。将催化剂固定化可以提高 TiO_2 对有机物的光催化降解效率,但是因质量和光子转移的限制,这一过程难以工业化。

Díez 等以 Kenics 型静态混合器作为液相光催化剂载体制造出涂覆有 TiO_2 或 Fe_2O_3 光催化剂的不锈钢 Kenics 型静态混合反应器,静态混合反应器与复合抛物线收集器相结合,并将其应用于水溶液中土霉素的降解。结果表明,喷涂法固定的催化剂活性优于浸涂法,Kenics 型静态混合器即使在层流状态下也可以使反应物在其中达到强烈的混合。Lima 等采用了一种 NET mix 型微静态混合器作为 Fe_2O_3-TiO_2 催化膜的载体,并用于含有 3 种常见抗生素(环丙沙星、磺胺甲噁唑和甲氧苄啶)的废水降解。结果发现,相较于传统反应器,这种新型静态混合器具有更高的抗生素降解效率,240 min 后,即使在连续 3 次实验中重复使用 Fe_2O_3-TiO_2 催化膜的情况下,3 种抗生素的去除率也高于60%。

不仅如此,NET mix 型静态混合器同样具有优越的传热性能,Costa 等采用流场模拟技术评估了 NET mix 型静态混合器的传热性能,研究发现在同一操作条件下,NET mix 型静态混合器的传热能力比大多数工业反应器(如带夹套的搅拌罐)高 2 ~ 5 个数量级,尤其适用于高放热的多相催化反应与气液反应。

综上所述,静态混合器相对于传统多相反应器的不同之处在于:

①相较于传统气液反应器,克服了因气液两相密度差异而导致的气体聚并问题,增大了传质。

②相较于传统液液反应器,能够最大限度地消除混合死区,提高反应效率。

③对于有固相参与(固相作为催化剂)的多相反应,其在一定程度上解决了催化剂的回收问题,同时改善了非均相反应所带来的传质效率低下等问题。

然而,尽管静态混合器具有如此良好的性能,但也存在着诸多问题。在气液两相和液液两相反应中,由于不同的反应中反应物物性以及操作条件差异较大,因此,要达到最好的反应效果,需要对反应参数以及静态混合器参数(内构件形状、长宽比等)进行严格把控。而在有固相参与(固相作为催化剂)的多相反应中,催化剂回收问题虽然可以得到改善,但是在高速湍流流体的条件下,静态混合器内部构件上的催化剂仍存在寿命较短的问题,同时,由于制作

CSM 对催化剂要求较为严苛,因此,该领域静态混合器的应用范围也具有一定的局限性。这些都成为静态混合反应器大规模应用的阻碍。

4.3　搅拌反应器

搅拌反应器广泛应用于石油化工、生物化工、制药、冶金、能源、环境等领域。传统的化工过程工业是制造业的基础,是我国国民经济的支柱产业,而其能源消耗约占全国能源消耗总量的 16%。20 世纪 90 年代中期,出现了化工强化技术,该技术以节能、降耗、环保、集约化为目标,旨在有效解决化学工业的"三高"问题。搅拌反应器作为化学工业中的重要设备,需要绿色可持续发展方面的创新,因此,搅拌反应器在大型化、标准化、高效节能化、机电一体化、智能化和特殊化方向发展的研究具有重要的理论价值和应用前景。突破高效节能搅拌反应器装置对推动我国在聚合反应搅拌技术和设备的整体发展具有重要作用。同时,随着搅拌装备的大型化发展趋势,单层桨叶难以满足混合要求,多层组合搅拌反应器应用更为广泛,具有低功耗特性的径流型、轴流型和混合流型桨叶的参数匹配和搅拌混合性能等问题,值得深入系统的研究。

搅拌反应器作为典型的过程强化操作单元之一,因其结构简单,操作灵活性好,适应性强等优势,被广泛应用于化工、冶金、医药等过程工业,是相关生产工艺中的核心设备。过程工业生产中的搅拌反应器有较多类型,按反应物料的相态可分成均相搅拌反应器和非均相搅拌反应器。其中,非均相搅拌反应器可分为液-液搅拌反应器,固-液搅拌反应器,气-液搅拌反应器和气-液-固三相搅拌反应器。搅拌操作的目的主要体现在 4 个方面:

①使液-液两相充分混合,形成混合均一的混合液,强化传质过程。

②使气-液两相充分分散,强化气液两相间的传质过程或提高化学反应速率。

③使固-液两相充分悬浮,强化固体颗粒溶解、浸取过程或加速化学反应过程。

④使搅拌槽内物料温度分布均匀,强化物料间的传热过程,防止局部过热或过冷。

搅拌设备主要由传动装置、搅拌轴、搅拌桨、槽体、附件等部件组成,设备材质多为不锈钢(图 4.3)。搅拌设备在搅拌过程中主要作用为:

①使不同物料间的混合更加均匀。

②在气液混合过程中使气相在液相中更好分散。

③在固液混合过程中使液体中固体颗粒更均匀悬浮。

④在多种不相溶液体混合时使不相溶的液相充分乳化和均匀分布。

⑤强化气相之间的吸收和传热。

由此可知搅拌设备可用于均相和多相搅拌混合反应,不仅可进行间歇操作反应,还可用于连续操作反应。因此,搅拌设备可适用于多种复杂搅拌需求。搅拌桨作为搅拌设备的重要组成部分,需要不同搅拌桨来适用于不同搅拌工况。搅拌桨种类繁多,根据搅拌产生的流型分为径流式、轴流式和混流式桨叶。如图 4.4 所示为根据流型进行分类的搅拌反应器桨叶类型。

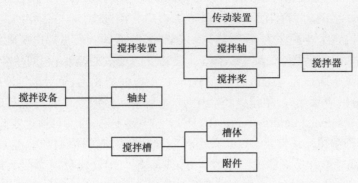

图 4.3　搅拌反应器的构成形式

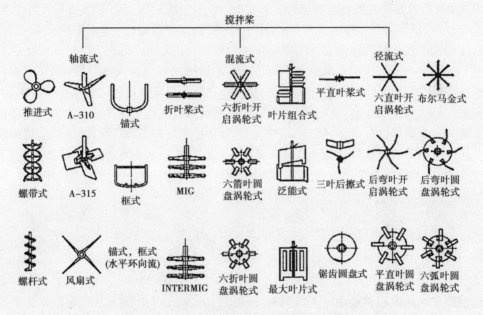

图 4.4　不同流型的搅拌桨结构

　　陈登丰在搅拌反应器机械密封、磁力驱动搅拌反应器、高黏度物料搅拌反应器、新型搅拌桨叶、新型转子/定子式搅拌反应器、多功能搅拌反应器和搅拌过程的自动化 6 个方面对搅拌容器的最新进展进行了介绍和叙述,也为搅拌反应器的选型提供了一定的参考价值。秦福磊对双轴组合式搅拌反应器研发的必要性进行了介绍,并阐述了该搅拌反应器的研究进展和适用范围,分析了该搅拌反应器的应用前景和发展,得出结论:双轴组合搅拌反应器相对于单轴组合搅拌反应器可以使物料混合更均匀,使传质、传热更为充分和高效,可以有效避免搅拌死区。但该类搅拌器缺少完备的理论指导,结构复杂,对传动系统和密封要求高。李向阳等介绍了气-液-固三相搅拌槽反应器数计算的研究进展,讨论了不同计算方法存在的主要问题,为未来的研究提供参考。王建明等采用 VOF 和欧拉-拉格朗日模型进行耦合的 EDEM-FLUENT 耦合技术,对搅拌罐内流场进行了固-液-气三相数值计算,研究了固相的运动状态及自由液面对各相分散性能的影响,分析发现固体颗粒分散形式受自由液面漩涡位置和流场的影响。

　　根据搅拌工程需求和搅拌罐的尺寸,可以选用单层或多层搅拌反应器。针对单层搅拌反应器,李挺采用实验方法对向心桨、Rushton 桨、三斜叶桨和穿流桨这 4 种桨叶搅拌槽内宏观混合特性进行了研究,结果表明:混合时间随转速的增加而减小,功率随转速的增大而增大。相同转速下,Rushton 桨的功率消耗最大,三斜叶桨功率消耗最小,向心桨叶的混合效率最高;对混合效率的影响因素大小顺序为:搅拌转速>桨型>桨叶离底。郝惠娣用实验方法研究了单层桨气液搅拌釜气液分布特性,发现气含率随介质黏度的增大而减小;相同单位体积功耗时,自吸分散的气含率高于表面充气分散的气含率;与标准搅拌釜相比,单层桨气液搅拌釜的气含率分布均匀,气液分散效果更好,单位体积功耗低,达到相同分散效果时的搅拌转速低。随着计算流体力学(computational fluid dynamics,CFD)技术飞速发展,目前可通过实验和数值方法,研究搅拌反应器内部湍流流场特性。Sun 采用各向异性代数应力模型和标准 k-ε 湍流模型,预测 Rushton 圆盘涡轮搅拌反应器内部湍流流场,发现各向异性代数应力模型预测的流场与实验数据吻合较好,并模拟了搅拌槽中湍流剪切速度分布规律。Wang 采用改进的内-外迭代方法对 Rushton 圆盘涡轮的气液流场进行了数值模拟,结果表明该方法普遍适用于气液搅拌槽的数值模拟,可以获得搅拌槽内气液分布和挡板两侧气体积聚特性。Bao 采用离散元方法,研究了叶轮结构和转速对圆柱形混合器中颗粒流动和混合的影响,发现三叶片混合器的混合性能和效率优于两叶片和四叶片混合器。胡效东等通过欧拉双流体模型与群体平衡模型,研究了三层搅拌反应器内流特性及气液两相混合特性,分析了反应器内整体和局部气含率的分布,发现四宽叶旋桨搅拌反应器的轴向驱动作用和抛物线圆盘涡轮搅拌反应器的径向驱动作用可显著提高搅拌反应器的气含率,使其局部气含率分布更为均匀,且搅拌时间达一定值后气含率不再变化。万勋等研究了开槽对半圆形及抛物线形涡轮搅拌反应器的影响规律,分析了开槽对载气性能、功率和气含率的影响,发现在同样功耗下,开槽式的涡轮搅拌反应器具有更高的气含率。

4.4　超重力反应器

超重力技术的核心装置是旋转填充床(rotating packed bed,RPB),通过转动体的高速旋转产生百倍至千倍于重力加速度 g 的离心力场来模拟超重力环境。在离心力的作用下,液相被填料剪切形成液膜、液丝、液滴,产生巨大和快速更新的相界面,极大地强化了相间传质。相较于传统的塔器设备,相间传质速率可提高 1~3 个数量级。最早报道的旋转填充床用于分离过程强化。北京化工大学教育部超重力工程研究中心的前辈郑冲先生于 1989 年开始与美国合作,开展超重力的基础与分离强化研究,1994 年陈建峰教授开拓了超重力反应过程强化新方向,广泛应用于多相反应、反应结晶、反应分离等过程,使我国成为超重力工业技术国际引领的国家。

将超重力技术应用于受传质速率限制的多相催化反应过程,构建超重力多相催化反应器(HIGEE multiphase catalytic reactor,HMCR),有望提高宏观反应速率,从而提高反应器性能和效率。此外,对于相同处理量的多相催化过程,HMCR 可显著减小反应器体积和系统中物料的储量,提高催化反应过程的本质安全性。超重力多相催化反应器结构示意图如图 4.5 所示。

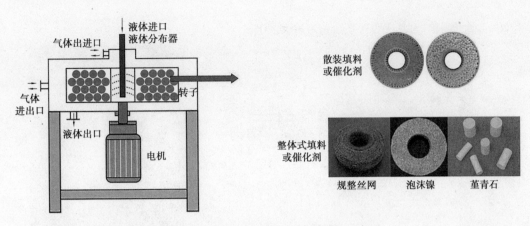

图 4.5　超重力多相催化反应器结构示意图

4.4.1　气液催化反应器

气液催化反应体系在化工、能源、新材料等流程工业中应用广泛。在此体系中，催化剂一般为液相或催化剂溶解于液相。本小节从流体流动、质量传递等的基础研究展开，以及在超重力气液催化反应器装备的研制及其工业应用等多个方面进行阐述。

目前通过高速摄像技术、CFD 模拟等手段，研究超重力气液催化反应器内流体的流动行为和演变、流体微元特征参数等科学规律，对深入认识和理解超重力环境下微纳结构上的流动与传质具有重要的意义。Su 等发展了在不锈钢丝网填料表面构筑浸润性可调、高稳定性的微纳结构的新方法，阐明了液滴撞击表面微纳结构的流动形态变化规律，进一步揭示了液滴撞击表面微纳结构单层丝网的破碎机制与分散特性。Zhang 等利用高速摄像研究了液柱穿透静止未改性单层丝网和疏水改性单层丝网时的分散性能。在相同的实验条件下，穿透疏水改性单层丝网时液体产生的分散锥角比未改性单层丝网大，说明疏水改性单层丝网更加利于液柱的分散。疏水改性单层丝网得到的平均液滴直径小于未改性单层丝网的液滴直径，并建立了预测平均液滴直径的关联式，预测值与实验值吻合良好。Xu 等采用高速摄像技术和 CFD 模拟相结合的方法，研究了液柱撞击单层旋转不锈钢丝网填料的流体流动，发现液柱撞击单层旋转不锈钢丝网后，主要以液膜、液线和液滴的形式存在，其两种典型的液体断裂方式为：膜-滴断裂和线-滴断裂，并得到了液体断裂方式转变的判据。

超重力气液催化反应器应用广泛，以如下两个典型案例予以描述。炼厂液化气（liquefied petroleum gas，LPG）脱硫醇后的废碱液（又称碱渣，主要成分为氢氧化钠）是一种固体废弃物。如果可将碱渣再生，则可以大幅缩减采购新碱液和处理废碱液的双重成本。通常采用空气中的氧气与碱渣中的硫醇钠反应，生成新的氢氧化钠循环利用，催化剂为完全溶解于氢氧化钠溶液的磺化钛氰钴。分析此过程，氧气传递到液相的传质速率为氧化反应的速控步骤。基于此，北京化工大学与中国石油石化化工研究院合作，利用超重力反应器良好的传质性能，实现碱液氧化再生循环利用，如图 4.6（a）所示为传统碱液氧化再生过程与超重力反应器技术。Zhan 等以乙硫醇钠的催化氧化过程为代表，开展动力学实验得到其动力学数据，构建了超重力反应器数学模型，成功用于超重力反应器的设计与放大，成功实现了超重力气液催化反应器在炼厂液化石油气脱硫醇氧化再生过程的工业应用，如图 4.6（b）所示。超重力反应器的体积仅约为其1/20,占地面积约为其1/13,系统能耗降低30%。

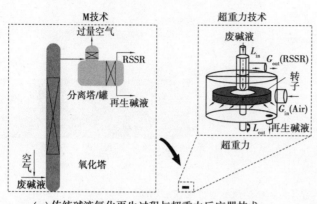

（a）传统碱液氧化再生过程与超重力反应器技术   （b）超重力碱液再生工业装置照片

图4.6 超重力气液催化反应器

2,3,5-三甲基-1,4-苯醌(TMQ)是维生素E生产的关键中间体,可通过催化氧化2,3,6-三甲基苯酚(TMP)制得。TMP催化氧化反应属于多相氧化反应过程,可采用氯化铜、氯化铁等水相催化剂。由于常温常压下氧气的溶解度低以及传质效率低等问题,氧化反应的时间长、生产效率低。Pei等创新性地将超重力气液催化反应器应用于TMP催化氧化合成TMQ过程。与搅拌釜反应器相比,在相同的操作条件下,超重力反应器中TMP转化率和TMQ收率都有显著提高。上述案例进一步阐明了超重力气液催化反应器在气液催化反应过程中广阔的工业应用前景。

4.4.2 气固催化反应器

气固催化反应是重要的催化反应体系之一,如氨的合成、费托合成、水煤气变换等。气固催化反应过程包括外扩散、内扩散、吸附、表面反应、脱附等步骤。因此研究反应器的"三传一反"过程对气固催化反应非常重要。目前,超重力催化反应器应用于气固催化反应的实例较少,本部分主要对超重力气固催化反应器中流体流动、质量传递等基础研究进行介绍,并对超重力气固催化反应器应用于费托合成过程的探索进行介绍。研究者采用粒子图像测速技术(particle image velocimetry,PIV)、CFD模拟等手段,对超重力气固催化反应器内气体的速度和湍流能等特性进行了研究,揭示了超重力多相催化反应器强化气固催化反应的科学本质。Gao等采用PIV研究了超重力气固催化反应器中气体的流动特性(图4.7),得到了填料区的速度和湍流动能的分布情况,并探究了操作参数等对填料区的影响。在不同操作条件下,分析超重力气固催化反应器的床层各区域沿径向的湍动能图,揭示了反应器中气相端效应区的存在,同时发现在一定操作条件下可能会增大气相端效应区的径向厚度,从而影响气固传质和反应过程。由于受限于PIV技术条件,只能得到某特定截面上的流场信息,无法获得整个床层内部的流动特性。高雪颖建立了装填球形颗粒的旋转填充床三维CFD模型,获得了RPB床层内部的整体流场信息,探究了各参数对气相流动特性的影响规律。通过CFD分析气相在RPB反应器中的停留时间分布规律,进一步揭示了床层内球形催化剂颗粒的旋转、曲折流道等对气相流动的影响。同时建立了RPB的三维CFD物理模型,耦合改进的链增长反应动力学方程得到了反应器模型,预测了不同操作条件对费托合成反应物转化率以及产物选择性的影响。研究发现,超重力气固催化反应器能够调控费托合成产物的分布,为超重力气固催化反应器应用于费托合成等气固催化反应提供了基础。

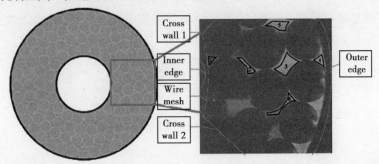

图 4.7　超重力气固催化反应器填充直径为 25 mm 催化剂颗粒的示意图及其 PIV 图像

Chen 等通过实验研究发现,可以通过调节超重力气固催化反应器的转速来调控费托产物的分布,当转速较低时,费托合成产物主要是高碳烃;当转速较高时,产物主要是低碳烃,实现了超重力气固催化反应过程强化的新突破。

4.4.3　气液固催化反应器

在气液固三相催化反应过程中,气相反应物首先克服了气液和液固界面的传质阻力,传递到液相,气液相随后在催化剂的活性位点上参与化学反应。为了提高气液固催化反应的宏观反应速率,除了开发高效率、高活性、高稳定性的催化剂以外,合理地选择反应器也至关重要。现有研究主要集中在催化剂的开发,反应器的研究工作较少。针对本征反应速率为快反应的气液固催化反应,若采用超重力技术提高气液和液固相间传质系数,能使传质速率匹配本征反应速率,则可有望提高反应的宏观反应速率及生产效率。本小节主要从持液量、润湿效率等基础研究角度出发,得到液固传质模型,进一步耦合动力学方程构建反应器模型,用于指导超重力催化反应器的放大。研究者采用 X 射线计算机断层扫描技术、可视化拍摄等手段,研究了超重力气液固催化反应器内持液量、润湿分率等特征参数,充分认识了流体流动、传质等对气液固催化反应的影响规律。Liu 等采用 X 射线计算机断层扫描技术对超重力气液固催化反应器的持液量进行了研究,首次实测获得反应器中各部分持液量的变化规律;在染料吸附实验测量及分析的基础上,建立了准确统计润湿分率的图像处理方法,分别得到了床层的平均润湿分率和球形颗粒的润湿分率频率分布规律。进一步基于催化剂颗粒立方堆积的物理模型,使用润湿分率对液固传质面积进行了修正,建立了超重力气液固催化反应器中液固传质的物理模型,同时通过铜和重铬酸钾反应体系验证了上述模型。在气液传质系数、液固传质系数和动力学方程的基础上,构建了超重力气液固催化反应器模型,通过 α-甲基苯乙烯加氢和 3-甲基-1-戊烯-3-醇加氢分别验证了模型的合理性。Jiang 等制备了一种应用于 RPB 反应器中的新型整体式催化剂(图 4.8),探究了不同预处理条件对堇青石整体式催化剂的影响。选择 α-甲基苯乙烯加氢作为模型体系,分别在固定床和 RPB 反应器中进行加氢反应研究。结果表明,在 30 ℃、0.2 MPa 的条件下,RPB 反应器的时空收率(time space yield ,TSY)是固定床反应器的 9.2 倍,充分展现了装载整体式催化剂的超重力气液固催化反应器应用于气液固多相催化反应过程的潜力。王迪等针对蒽醌法制备双氧水过程中的蒽醌加氢步骤进行研究,首次将新型内循环 RPB 反应器应用于拟均相催化加氢反应过程,探究了 RPB 反应器转速、工作液初始浓度、氢气压力等参数对蒽醌加氢过程双氧水收率和有效蒽醌选择性的影响。实验发现,在相同条件下,RPB 反应器中双氧水收率远高于 STR。相比于固定式的催化剂,浆态催化剂粒径更小,反应阻力更小,对于快速多相催化反应而言,浆态床反应器需要更大的传质速率匹配其本征反应速率,因此超重力反应器更适用于浆态式催化剂。

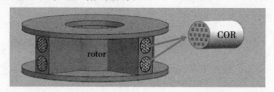

图 4.8　超重力反应器的催化剂装填示意图

4.5　流化床反应器

4.5.1　流态化技术及气固流化床

流态化技术的核心是通过低黏度流体来打破固体颗粒系统中固有的内摩擦力,从而使固体颗粒能够呈现出近似流体的运动状态,起到强化催化反应的作用。通常根据流体性质的不同,流态化技术可分为气固、液固以及气液固流态化。其中气固流态化技术在日常生产生活中应用较为广泛。图 4.9 显示了 4 种典型的气固流态化工艺技术,包括石油催化裂化(fluid catalytic cracking,FCC)、煤或生物质燃烧、聚乙烯合成以及甲醇制烯烃(methanol to olefin,MTO)。而在这些工艺技术中,流化床反应器作为处理原料气与固体颗粒的核心装置,扮演了如"心脏"般的重要角色。

（a）催化裂化　　　　　　　　　　（b）煤燃烧

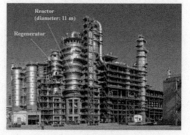

（c）高分子聚合　　　　　　　　　　（d）甲醇制烯烃

图 4.9　流态化技术的代表性工业应用

世界上第一台气固流化床的应用最早可追溯到 1920 年初由德国科学家 Winkler 设计并用于粉煤气化过程的反应器。随后美国麻省理工学院的 Lewis 教授发现流化颗粒可以在不同的流化床之间循环,通过在催化裂化过程中设置流化床再生器可以实现催化剂连续循环再生,这不仅解决了反应器内温度分布不均匀的问题,还解决了催化剂易失活的问题,从而促使产品产量大幅度提高。据此,1942 年在美国建成了第一套石油催化裂化流化床装置,奠定了现代炼油工业的基础。而流态化正式成为具有一定科学内涵的独立学科,则是以 1948 年 Wilhelm 和 Kwauk 在期刊 *Chemical Engineering Progress* 上发表的题为 *Fluidization of solid particles* 的学术文章和 1950 年 Brown 编写的化工教科书 *Fluidization of solids* 为标志。气固流态化技术经过近百年左右的发展,已经在化工、燃烧、冶金等诸多领域得到了广泛应用。

4.5.2　气固流化床的复杂性

精准有效放大和操作气固流化床反应器需要系统全面地了解气固流态化规律,尤其是反应器内气体和固体颗粒的时空分布及演化规律。不过影响气固流态化的因素有许多,主要包括操作条件(如操作气速、操作压力、操作温度、进气方式以及外加物理场等)、气体和颗粒性质以及设备结构与尺寸等。

操作条件对气固分布的影响又以操作气速最为显著。随着气速的增加,颗粒之间的内聚力会被打破,床层内相对位置固定的颗粒将会被"加热"。此后,如图 4.10 所示,随着气速进一步增加,床层依次经历固定床、均相流化(或称气固散式流化,仅针对 Geldart's A 类颗粒而言)、鼓泡流化、节涌流化、湍动流化以及气力输送。通常最理想的操作流域区间属于散式流化,此状态下气体和固体颗粒接触效率最好。首先这一状态极易被破坏,实际上并不有利于工业操作。因此工业流化床更倾向于在鼓泡流化和湍动流化状态下操作。其次,温度和压力对气固流态化的影响其实也较大。例如 Tsukada 等研究压力对流域转变速度的影响,发现随着压力增加转变速度会降低;Zhu 等研究压力对气泡大小的影响,发现压力增加会减小气泡尺寸,促进气固分布更加均匀;黄凯通过高温 ECT 技术耦合压差测量技术,发现属于 Geldart's B 类的石英砂颗粒可以在高温下呈现 Geldart's A 类颗粒才有的散式流化行为。Francia 等总结了不同的强化流化的方式,包括脉动气流、声流化、磁流化、电流化以及旋转等。Guo 等发现利用振荡气流可调节气泡生长,控制气泡结构,使得采用振荡气流的鼓泡流化床反应器工程放大更加易于实现。

气体和颗粒性质(如气体密度、黏度、颗粒密度以及颗粒粒径分布等)对流态化的影响也是极其重要的。1973 年,Geldart 首次以颗粒的平均粒径 d_p 为横坐标,颗粒与气体的密度差 $\rho_s - \rho_g$ 为纵坐标成功地绘制出了颗粒流态化相图,后被称为"Geldart's 颗粒流态化分类图"。如图 4.11 所示,颗粒被分为 4 类,分别称为 Geldart's A、B、C 以及 D 类颗粒。A 类颗粒平均粒径 d_p 为 30 ~ 100 μm,颗粒密度 ρ_s 小于 1 400 kg/m³,存在散式流态化(具有不同的最小流化速度 U_{mf} 和最小鼓泡速度 U_{mb}),如 FCC 催化剂和 MTO 催化剂颗粒(位于图 4.11 中 A′)。B 类颗粒平均粒径 d_p 为 100 ~ 800 μm,颗粒密度为 1 400 ~ 4 000 kg/m³,不存在散式流态化($U_{mf} = U_{mb}$),容易发生气泡的聚并,如石英砂。C 类颗粒平均粒径 d_p 小于 30 μm,由于具有极强的黏附性在常规条件下极难流化,如碳纳米管。D 类颗粒平均粒径 d_p 大于 600 μm,颗粒密度通常视粒径而定,所需流化速度比其他颗粒大而适用于喷动流化床,如谷物。

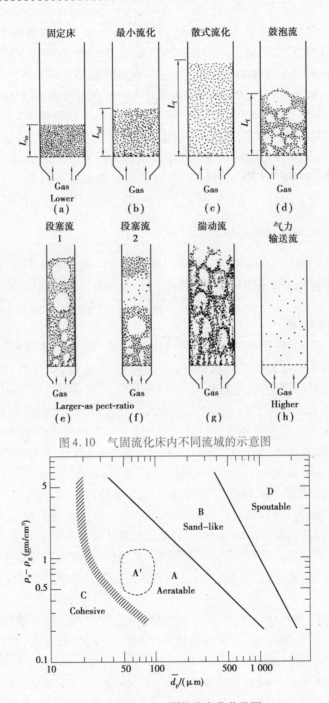

图 4.10 气固流化床内不同流域的示意图

图 4.11 Geldart's 颗粒流态化分类图

流化床反应器结构与气固流态化分布也具有高度相关性。例如,在具有较高床层深度的流化床中气泡通常发生非均匀生长并最终变成大气泡甚至是节涌,在这种情况下,气体与固体颗粒的接触效率将会大幅度下降。为了解决这一问题,工业上往往会在深层流化床中布置诸多内构件,以破碎气泡和改善不均匀流化现象。例如,Maurer 等利用 X 射线研究了带垂直内构件的流化床,发现垂直内构件有利于减小气泡尺寸,促进气泡分布均匀化。最近,Yue 等研究了伞形挡板对喷动流化床的影响,发现加入的伞形挡板可促进气固混合效率。

4.5.3 气固流化床的研究方法

气固流化床内复杂的两相流动使得流化床反应器的操作和放大一直是化学反应工程的重要挑战。如甲醇制烯烃 MTO 过程就经历了从实验室小试、公斤级中试、万吨级工业性试验、最后到百万吨级工业示范的漫长放大过程。为了能够实现流化床反应器的快速可靠放大,需要深入研究和理解流化床反应器内多相流动的特征。如图 4.12 所示,气固流化床反应器的研究方法通常分为 3 类:即理论分析、数值模拟及实验测量。

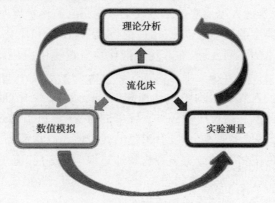

图 4.12 气固流化床的研究方法

4.6 微反应器法

化学工业是我国的经济支柱产业之一,但因为其"高污染、高能耗、高物耗"等问题仍面临着发展与污染的矛盾。在实现"碳达峰,碳中和"双碳目标的大背景下,迫切需要开发新工艺、新方法、新技术以降低化工过程中的能耗与物耗,从而实现绿色可持续发展。化工过程强化技术具有节能环保、低能耗、集约化的优势,是解决这一问题的重要手段。过程强化包括设备强化和方法强化,典型的强化方式包括设备小型化和过程集约化等。其中,出现于 20 世纪 90 年代的微化工技术兼具这两方面的特点。与传统化工技术相比,微化工技术利用微尺度下独特的流动与传质特性,可强化传质传热性能,提高反应效率和产品质量,保证化工过程的安全性,具有广阔的应用前景。

微反应器技术高效的微尺度混合特性、良好的传质和传热性能和本质安全的特点决定了其特别适用于因反应速度快或者放热量大而有危险性的化学反应,如重氮化反应、加氢反应、硝化反应等。因此,对于医药、农药、染颜料等精细化工领域涉及的霍夫曼重排、环加成、重氮化和偶合、烷基化、氮氧化等典型"强放热快反应"过程,采用微反应连续化工艺可将反应产生的热量迅速移除,可有效避免局部过热,减少副反应的发生,更能够防止由于热量积聚而产生飞温现象,降低反应失控风险,有望实现生产过程的高效、绿色和安全。

1989 年出现了第一台微反应器,其应用潜力受到广泛关注。微反应器是直径为 10~1 000 μm 的管道式反应器,由混合器、换热器、反应器、控制器等组成。与间歇式反应器相比,微反应器的优势在于:

①反应系统是呈模块结构的并行系统,反应器尺寸小,操作性强,能最大限度减小事故危害程度。

②微通道的比表面积可达 10 000～50 000(m²/m³),传质、传热效率高,反应速率在毫秒级,能避免因反应时间过长而产生不稳定的副产物。

③换热效率极高,可以精确控制物料温度,有效避免局部过热。

④由于反应器内的反应是连续流动反应,可以通过增加微通道的数量达到常规反应器的生产规模。

因此,微反应器可以实现大型反应器很难或不可能完成的化学反应。

非均相加氢反应是典型的气-液-固三相过程,常用高压釜和流化床反应器进行加氢,随着微反应器和微流体技术的不断发展,在非均相催化加氢过程中应用微反应器进行连续加氢成为当前研究的重点。与传统方法受限于氢气扩散到溶剂的速率不同,微反应器提供了更好的气液接触、传质强化,使氢气在溶剂中快速饱和以增强气-液-催化剂的相互作用,显著提高了反应速率和催化剂利用率。微反应器还具有许多固有优势,包括通过精确控制反应条件来有效抑制副反应,降低分离过程成本,并具有出色的安全性。通常情况下微反应器中的连续加氢主要在精确控制的条件下将两种或更多种物料通过泵(液体)和流量计(气体)控制连续导入微反应器进行混合和反应,反应装置如图 4.13 所示。近年来,集成非均相催化剂的连续流微反应器系统已经成为化学工业过程强化的重要工具。

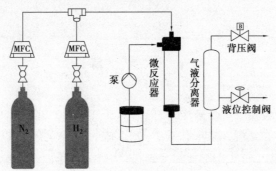

图 4.13　微反应器加氢装置图

微反应器加氢效果在很大程度上取决于微反应器的设计和催化剂的负载方式,在容纳催化剂的同时,微反应器系统也应在反应过程中保持稳定。为了优化氢气、液体物料和固体催化剂之间的多相传质过程,人们建立了不同的反应器,按照催化剂体系和微反应器的结合方式不同可以分为以下几类,如图 4.14 所示:催化静态混合器、微填充床式反应器、壁负载式反应器、蜂窝式反应器以及浆料式反应器。目前应用较为广泛的是催化静态混合器和微填充床式反应器。

4.6.1　催化静态混合器

催化静态混合器是将活性金属负载到 3D 打印的金属支架上形成兼具催化作用和混合作用的反应器。气液混合物流经反应器内部,与内部催化剂接触发生加氢反应,同时气液混合效果在催化静态混合器的作用下显著增加。苏黎世联邦理工学院开发了 3D 打印催化剂载体和微反应器的组合,用于维生素中间体的生成,并将其称为设计多孔结构反应器;澳大利亚联邦

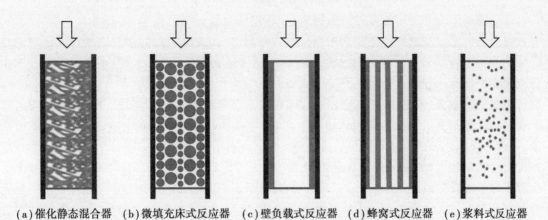

(a)催化静态混合器　(b)微填充床式反应器　(c)壁负载式反应器　(d)蜂窝式反应器　(e)浆料式反应器

图 4.14　连续加氢微反应器示意图

科学与工业研究组织也提出类似结构的反应器,并将其称为催化静态混合器(catalytic static mixers,CSM),利用催化静态混合器实现了多种加氢反应。催化静态混合器较显著的优势在于能快速设计反应器结构并能通过 CFD 模拟优化模型,再由 3D 打印技术完成反应器制造。

催化静态混合器的制备一般分为 4 部分,如图 4.15 所示。

①利用 CAD 软件设计建立具有特殊流道结构的 3D 模型。

②利用 CFD 软件模拟优化结构。

③采用 3D 打印技术将模型打印为实体,通常采用 316 L 不锈钢、钛合金、铝合金等作为打印材料。

④将催化剂负载到金属骨架上。

文献报道的用于催化静态混合器中负载催化剂的方法主要有下述 3 种。

①冷喷涂法:是一种以超声速将活性金属粉末(如 Pd、Pt、Ni 等)喷涂到金属骨架,将活性金属颗粒结合到金属骨架上的技术,该方法可制备稳定、可控、具有高孔隙率的静态混合器。

②电镀法:以静态混合器为中心,使用轴流电池和标准恒流程序在金属骨架上电镀活性金属层,且在电镀前应进行清洗和活化。

③浸渍法:将静态混合器涂覆一层 Al_2O_3—ZnO 基层,再将其浸渍到活性金属纳米颗粒悬浮液中,最后高温干燥,浸渍和干燥过程重复 2~3 次。

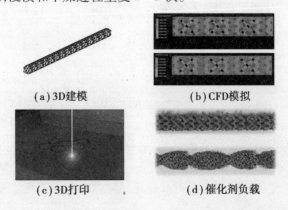

(a)3D建模　　　　　　　(b)CFD模拟

(c)3D打印　　　　　　　(d)催化剂负载

图 4.15　催化静态混合器制备流程

催化静态混合器可用于多种官能团的还原,包括烯烃、炔烃、硝基、羰基。对于这些反应,常规反应器的总反应速率往往受到相间传质的限制,尤其在反应动力学较快的情况下。通过在催化静态混合器上进行非均相加氢反应,传质速率得到了强化,此外反应参数的精确控制也可以大大提升反应性能。硝基还原是合成高价值活性药物成分或其他产品的重要方法之一,现已报道了许多实现芳香族硝基还原的连续流方案。苯胺及其衍生物是一种重要化学品,可以通过硝基苯及其衍生物的催化氢化来生产,而在其他还原性官能团存在的情况下,如何快速、高选择性地还原硝基具有重要的研究意义与实际价值,已有大量文献证明连续加氢对于硝基加氢具有明显优势。Hornung 课题组利用电镀法制备 Pt 催化静态混合器,12 组催化静态混合器串联组成反应系统,并进行了一系列反应,证明了该反应器对于硝基还原具有良好的适用性。之后 Hornung 课题组进一步制备了负载 Pd/Al₂CO₃ 涂层的静态混合器,混合器横截面为矩形。以 1-硝基萘的加氢为模型,评价了该催化静态混合器性能,在最佳条件下转化率可达 99%。评估了催化静态混合器的稳定性,在长时间运行下,催化性能基本不变,此外采用 ICP-MS 检测反应器中金属粒子的浸出量,结果显示 Pd 浸出浓度低于 0.5 ppb。以上研究证明了该类反应器对硝基还原具有良好的催化性能且具有一定的稳定性。随后将其应用于替扎尼定中间体 4-氯-2-硝基苯胺的还原,结果表明该方法可以实现硝 4-氯-2-硝基苯胺的完全转化,对 4-氯-2-氨基苯胺有优异的选择性(99%)。

含有 C=C、C≡C 的化合物的加氢还原在生产上也有很大意义,功能化烯烃、炔烃化学选择性和立体选择性部分加氢被大量用于合成各种精细化学品,包括医药及中间体、农药、食品添加剂、香料等。目前不饱和碳—碳键加氢反应最核心的难点之一在于在高转化率条件下实现 100% 的选择性。例如,在炔烃还原过程中的一个常见缺点是过度加氢生成副产物烷烃,最终导致选择性和转化率成反比。Elias 等人用 Pd 催化静态混合器在无溶剂的条件下将 2-甲基-3-丁炔-2-醇(MBY)选择性氢化成 2-甲基-3-丁烯-2-醇(MBE),在最佳连续加氢条件下 MBE 的选择性可达 97.60%、收率可达 96.30%,催化静态混合器在选择性、收率等方面的性能都超过了常规间歇式反应器。类似地,Kundra 小组采用 3 种催化静态混合器研究了 MBY 的选择性氢化,得到了较好的结果,发现压力对选择性和收率影响最大。

催化静态混合器在多种底物的加氢反应中表现良好,并能通过优化条件来达到控制转化率和选择性。催化静态混合器骨架的制备依赖于 3D 打印技术,3D 打印成本目前仍较高,但随着 3D 打印技术的不断发展,这一问题能得到改善。活性金属及其负载是影响催化静态混合器性能的关键因素,不断开发优化不同的活性金属的类型和负载途径,确保活性金属与反应器骨架的良好结合并抑制活性金属的浸出,是催化静态混合器的发展趋势。

4.6.2 微填充床式反应器

微填充床式反应器(micro-packed bed reactor,MPBR)是从固定床的概念发展而来的,其本质就是微型化固定床。微填充床反应器是由一定大小的固体催化剂颗粒填充至有筛网结构的毫米级甚至微米级反应器管路中所形成的,反应进行时气相和液相先在微混合器形成气液混合物,再通入反应器与催化剂颗粒接触实现加氢。微填充床反应器三相接触面积大、传质好、具有快速筛选催化剂的潜力并有利于对催化剂进行失活分析与再生研究。

1)微填充床式反应器制备

对于微填充床反应器,为了避免孔道和流动分布不均,颗粒当量直径应小于床层直径的

1/20,微填充床反应器允许直接将球形或颗粒催化剂填充到管路中,并在通道两端添加筛板以防止催化剂颗粒流失。这种催化剂的填充方式使得能在实验室中直接使用商业或常规制备的催化剂,极大地扩展了微反应器在非均相催化领域的应用。微填充床反应器催化剂制备与常规催化剂制备一致,主要包括浸渍法、共沉淀法、离子交换法和微波法等。

2)微填充床式反应器中加氢反应应用

微填充床反应器在微尺度下拥有高效的传质传热性能,因此在化学合成领域应用要优于传统填充床反应器。Yang 等人将 Pd/SiO$_2$ 催化剂填充在微填充床中用于选择性催化 N-4 硝基苯烟酰胺。在不同的压力、温度和流动状态下进行参数研究,以实现硝基芳烃到相应伯胺的定量选择性转化,在最佳反应条件下选择性和转化率均达到 99%。Pd/SiO$_2$ 催化剂可以使用流动空气燃烧掉积聚的焦炭,然后通氢气还原钯,从而容易地原位再生。Rahman 及其团队将5% Pd/C 填充的微填充床用于对硝基苯甲酸在水中加氢还原为对氨基苯甲酸。与间歇相比,连续反应产生的中间体较少,转化率可达 100%,且在连续运行 6 h 后催化剂活性也不会降低。芳烃硝基还原过程中的羟胺化合物也是农药、医药领域常见的中间体,具有较高的研究价值。为了得到羟胺化合物,通常会在催化过程中加入钝化剂,以防止羟胺还原为氨基。Xu 等建立了硝基芳烃选择性催化加氢转化为芳基羟胺的方案,首先采用微填充床反应器研究了抗真菌剂吡唑醚菌酯中间体 1-(4-氯苯基)-3-[(2-硝基苄基)氧基]-1H-吡唑的催化加氢还原。本书中采用 RANEY-nickel 为催化剂放入微填充床中,初步研究发现产物中仅有 AM-1,没有发现HA-1,为了抑制羟胺还原为氨基分别用 DMSO、氨水、二苯基硫化物作为钝化剂处理雷尼镍,结果表明 NH$_3$/DMSO 体积比为 1∶10 时处理催化剂后,可使 HA-1 的选择性接近 93.70%、产率超过 95.6%。进一步优化工艺参数得到连续流反应的转化率和选择性均达到 99%。然而新鲜催化剂在长时间运行后选择性和转化率会有所下降,虽然可以用钝化剂体系对催化剂进行再生,但再生效果并不理想。最后用该连续流装置对底物进行了筛选,发现该设备对含卤素、苄基的底物有良好催化效果,证明该方法具有通用性。以上研究证明了微填充床反应器在硝基加氢反应中的应用前景。

不饱和羰基化合物的还原是一个基本的、必不可少的有机反应,广泛应用于各种化学品和医药化合物的合成。醛基加氢活化能($-\Delta H^\circ_{298} = 16 \sim 20$ kcal/mol)和酮基加氢活化能($-\Delta H^\circ_{298} = 14$ kcal/mol)接近,因此在催化氢化中醛和酮的选择性的区分通常是困难的,故在酮羰基存在的条件下醛的还原具有很大的挑战性。Osako 研究小组将铂纳米颗粒分散在两亲性聚苯乙烯-聚乙二醇树脂上,并由此开发了 ARP-Pt 微填充床加氢反应系统。在苯甲醛连续加氢条件优化过程中发现,在 40 ℃、30 bar 条件下以 1 mL/min 的流速,苯甲醇的产率在 4 000 min 内均保持在 90% 以上。此外在含有酮、酯或酰胺等不同取代基的醛在连续流条件下选择性加氢得到相应的伯醇,且其他取代基保持不变。

Tu 等在微填充床中实现 N-二苯甲基氮杂环丁烷-3-醇氢解为氮杂环丁烷-3-醇。比较了Pd 和 Pd(OH)$_2$ 负载于活性炭和 Al$_2$O$_3$ 载体上对转化率的影响,发现 Pd(OH)$_2$ 催化活性高,采用 Al$_2$O$_3$ 载体压力降较小。间歇反应器的转化率为 18.5%(3 h)和 38.1%(5 h),微填充床反应器为 63%(1.9 min),微填充床反应器的单位时间单位体积的转化率是间歇方法的 100倍,然而该设备依旧存在催化剂失活的问题。

微填充床反应器中动力学机理不明、热传递的不均匀和显著的压降是限制其应用的主要因素,需要进一步研究多相流体力学机理,并不断对微填充床反应器的设计和操作进行优化,以便降低其压力损失、产生更大的气-液-固三相接触。此外催化剂载体应具有足够强度，不能有粉末脱落，以避免堵塞反应管路。

壁负载式反应器是将催化剂固定在反应器管路的内壁上，气液混合物流过管路时与催化剂接触发生加氢反应。该反应器具有压降小、易于放大等优点，但其也有单位催化剂浓度低、气液混合效果差、催化剂难更换等明显缺点。由此进一步衍生出了蜂窝式反应器的拥有更高的单位催化剂浓度和更大气-液-固三相接触面积。蜂窝式反应器的催化剂结构由惰性载体材料(陶瓷、金属或塑料)组成，该材料通过挤压形成多个毫米级的平行通道，然后在通道内壁覆盖一层催化层)通常为 γ-Al_2O_3 等高表面积无机氧化物)，并在其上沉积活性金属。

4.6.3　浆料式反应器

浆料式反应器通常将固体催化剂悬浮在液相中，在管路中与氢气混合后发生加氢反应。该反应器通常是通过增加催化剂的量来延长还原时间，从而实现高收率。一般来说，该反应器存在催化剂分离复杂、反应稳定性差、对输送设备要求高等问题。Ouyang 课题组以浆料式反应器比较了多种商业和实验室合成的催化剂，发现实验室合成的 5% Pd 磁性催化剂在糠醛催化加氢方面具有良好的性能，且可以通过施加磁场实现催化剂的回收。反应温度 150 ℃、压力 50 bar、糠醛浓度 0.2 mol/L、液体流量 0.3 mL/min 保持不变，当反应时间从 20 min 增加到 120 min，产物选择性从 74% 增加到 90%，但转化率从 99% 下降到 95%。文献中磁性载体的应用在一定程度上解决了催化剂反应后分离的问题，但是微反应器由于尺度小而容易引起管路堵塞这一问题仍待解决。

思考题与课后习题

1. 列表分析不同化工过程强化方法所具备的优缺点。
2. 催化过程强化的概念是什么？通常有哪些方法可以强化多相催化反应？
3. 如何描述脉冲搅拌反应器内的流体混沌混合行为？

参考文献

［1］陈建峰，初广文，邹海魁，等. 超重力反应工程［M］. 北京：化学工业出版社，2020.
［2］NÚÑEZ-FLORES A，SANDOVAL A，MANCILLA E，et al. Enhancement of photocatalytic degradation of ibuprofen contained in water using a static mixer［J］. Chemical Engineering Research and Design，2020，156：54-63.
［3］OUYANG W Y，YEPEZ A，ROMERO A A，et al. Towards industrial furfural conversion：Selectivity and stability of palladium and platinum catalysts under continuous flow regime［J］. Catalysis Today，2018，308：32-37.
［4］江澜，罗勇，邹海魁，等. 超重力多相催化反应器的研究进展［J］. 化工学报，2021，72(6)：3194-3201.

［5］SHAO W Y,PAN X S,ZHAO Z R,et al. Effects of process parameters on the size of low-molecular-weight chitosan nanoparticles synthesized in static mixers［J］. Particulate Science and Technology,2021,39(8):911-916.

［6］LIN C M,CHANG Y W. Optimization designation of static mixer geometry considering mixing effect［J］. Microsystem Technologies,2021,27(3):883-892.

［7］MENG H B,HAN M Q,YU Y F,et al. Numerical evaluations on the characteristics of turbulent flow and heat transfer in the Lightnin static mixer［J］. International Journal of Heat and Mass Transfer,2020,156:119788.

［8］MENG H B,MENG T,YU Y F,et al. Experimental and numerical investigation of turbulent flow and heat transfer characteristics in the Komax static mixer［J］. International Journal of Heat and Mass Transfer,2022,194:123006.

［9］昝永超. 内插扰流元件换热管流动和传热特性数值模拟［D］. 北京:华北电力大学,2019.

［10］GHANEM A,LEMENAND T, DELLA VALLE D, et al. Static mixers:Mechanisms, applications,and characterization methods-A review［J］. Chemical Engineering Research and Design,2014,92(2):205-228.

［11］THAKUR R K,VIAL C,NIGAM K D P,et al. Static mixers in the process industries-A review［J］. Chemical Engineering Research and Design,2003,81(7):787-826.

［12］孟辉波. 旋流静态混合器内流场瞬态特性研究［D］. 天津:天津大学,2009.

［13］SCHRIMPF M,ESTEBAN J,RÖSLER T,et al. Intensified reactors for gas-liquid-liquid multiphase catalysis:From chemistry to engineering［J］. Chemical Engineering Journal,2019,372:917-939.

［14］RABHA S,SCHUBERT M,GRUGEL F,et al. Visualization and quantitative analysis of dispersive mixing by a helical static mixer in upward co-current gas-liquid flow［J］. Chemical Engineering Journal,2015,262:527-540.

［15］MADHURANTHAKAM C M R,PAN Q M,REMPEL G L. Continuous process for production of hydrogenated nitrile butadiene rubber using a Kenics® KMX static mixer reactor［J］. AIChE Journal,2009,55(11):2934-2944.

［16］BIARD P F,DANG T T,BOCANEGRA J,et al. Intensification of the O_3/H_2O_2 advanced oxidation process using a continuous tubular reactor filled with static mixers:Proof of concept［J］. Chemical Engineering Journal,2018,344:574-582.

［17］LEBL R,ZHU Y T,NG D,et al. Scalable continuous flow hydrogenations using Pd/Al_2O_3-coated rectangular cross-section 3D-printed static mixers［J］. Catalysis Today,2022,383:55-63.

［18］HORNUNGCHRISTIAN H,XUAN N,ANTONY C,et al. Use of catalytic static mixers for continuous flow gas-liquid and transfer hydrogenations in organic synthesis［J］. Organic Process Research & Development,2017,21(9):1311-1319.

［19］GARDINER J,NGUYEN X,GENET C,et al. Catalytic static mixers for the continuous flow hydrogenation of a key intermediate of linezolid (Zyvox)［J］. Organic Process Research & Development,2018,22(10):1448-1452.

［20］NGUYEN X,CARAFA A,HORNUNG C H. Hydrogenation of vinyl acetate using a continuous flow tubular reactor with catalytic static mixers[J]. Chemical Engineering and Processing-Process Intensification,2018,124:215-221.

[21] ZHU Y T,BIN MOHAMAD SULTAN B,NGUYEN X,et al. Performance study and comparison between catalytic static mixer and packed bed in heterogeneous hydrogenation of vinyl acetate [J]. Journal of Flow Chemistry,2021,11(3):515-523.

[22] AVRIL A,HORNUNG C H,URBAN A,et al. Continuous flow hydrogenations using novel catalytic static mixers inside a tubular reactor[J]. Reaction Chemistry & Engineering,2017,2 (2):180-188.

[23] KUNDRA M,BIN MOHAMAD SULTAN B,NG D,et al. Continuous flow semi-hydrogenation of alkynes using 3D printed catalytic static mixers[J]. Chemical Engineering and Processing - Process Intensification,2020,154:108018.

[24] FORTE G,BRUNAZZI E,ALBERINI F. Effect of residence time and energy dissipation on drop size distribution for the dispersion of oil in water using KMS and SMX+ static mixer[J]. Chemical Engineering Research and Design,2019,148:417-428.

[25] KAID N,AMEUR H. Enhancement of the performance of a static mixer by combining the converging/diverging tube shapes and the baffling techniques [J]. International Journal of Chemical Reactor Engineering,2020,18(4):20190190.

[26] NISENG S,SOMNUK K,PRATEEPCHAIKUL G. Optimization of base-catalyzed transesterification in biodiesel production from refined palm oil via circulation process through static mixer reactor[J]. Advanced Materials Research,2014,3157(931/932):1038-1042.

[27] IKHLEF-TAGUELMIMT T,HAMICHE A,YAHIAOUI I,et al. Tetracycline hydrochloride degradation by heterogeneous photocatalysis using TiO_2(P25) immobilized in biopolymer (chitosan) under UV irradiation[J]. Water Science and Technology,2020,82(8):1570-1578.

[28] DÍEZ A M,MOREIRA F C,MARINHO B A,et al. A step forward in heterogeneous photocatalysis:Process intensification by using a static mixer as catalyst support[J]. Chemical Engineering Journal,2018,343:597-606.

[29] LIMA M J,SILVA C G,SILVA A M T,et al. Homogeneous and heterogeneous photo-Fenton degradation of antibiotics using an innovative static mixer photoreactor[J]. Chemical Engineering Journal,2017,310:342-351.

[30] COSTA M F,FONTE C M,DIAS M M,et al. Heat transfer performance of NETmix-A novel micro-meso structured mixer and reactor[J]. AIChE Journal,2017,63(6):2496-2508.

[31] 刘作华,王运东,陶长元. 流体混沌混合及搅拌过程强化方法[M]. 重庆:重庆大学出版社,2016.

[32] 孙宏伟,陈建峰. 我国化工过程强化技术理论与应用研究进展[J]. 化工进展,2011,30 (1):1-15.

[33] 陈登丰. 搅拌器和搅拌容器的发展[J]. 压力容器,2008,25(2):33-41.

[34] 秦福磊,金志江,刘宝庆. 过程工业双轴组合式搅拌器的开发及研究进展[J]. 化工进展,2010,29(7):1181-1185.

［35］李向阳,杨士芳,冯鑫,等.气-液-固三相搅拌槽反应器模型及模拟研究进展［J］.化学反应工程与工艺,2014,30(3):238-246.

［36］王建明,邱钦宇,何讯超.搅拌罐内基于 EDEM-FLUENT 耦合的多相流混合数值模拟［J］.郑州大学学报(工学版),2018,39(5):79-84.

［37］李挺,贾卓泰,张庆华,等.几种单层桨搅拌槽内宏观混合特性的比较［J］.化工学报,2019,70(1):32-38.

［38］郝惠娣,朱娜,秦佩,等.单层桨气液搅拌釜的气液分散特性［J］.石油化工,2014,43(6):669-674.

［39］孙海燕,王卫京,毛在砂.各向异性 k-ε 湍流模型在 Rushton 桨搅拌槽三维流场整体数值模拟中的应用［J］.化工学报,2002,53(11):1153-1159.

［40］WANG W J,MAO Z S. Numerical simulation of gas-liquid flow in a stirred tank with a rushton impeller［J］. Chinese Journal of Chemical Engineering,2002,10(4):385-395.

［41］BAO Y Y,LI T C,WANG D F,et al. Discrete element method study of effects of the impeller configuration and operating conditions on particle mixing in a cylindrical mixer［J］. Particuology,2020,49:146-158.

［42］胡效东,张德新,姜蓉,等.三层搅拌式反应釜内部气液流动特性研究［J］.系统仿真学报,2016,28(2):396-403.

［43］万勋,周国忠,夏建业,等.开槽式圆盘涡轮搅拌器的气液分散特性［J］.化学工程,2010,38(12):40-43.

［44］LIU W,LUO Y,LI Y B,et al. Scale-up of a rotating packed bed reactor with a mesh-pin rotor:(Ⅱ) Mass transfer and application［J］. Industrial & Engineering Chemistry Research,2020,59(11):5124-5132.

［45］CAI Y,LUO Y,CHU G W,et al. NO$_x$ removal in a rotating packed bed:Oxidation and enhanced absorption process optimization［J］. Separation and Purification Technology,2019,227:115682.

［46］DU J T,SHI J,SUN Q,et al. High-gravity-assisted preparation of aqueous dispersions of monodisperse palladium nanocrystals as pseudohomogeneous catalyst for highly efficient nitrobenzene reduction［J］. Chemical Engineering Journal,2020,382:122883.

［47］邹海魁,初广文,向阳,等.超重力反应强化技术最新进展［J］.化工学报,2015,66(8):2805-2809.

［48］SU M J,BAI S,LUO Y,et al. Controllable wettability on stainless steel substrates with highly stable coatings［J］. Chemical Engineering Science,2019,195:791-800.

［49］SU M J,LUO Y,CHU G W,et al. Dispersion behaviors of droplet impacting on wire mesh and process intensification by surface micro/nano-structure［J］. Chemical Engineering Science,2020,219:115593.

［50］ZHANG J P,LUO Y,CHU G W,et al. A hydrophobic wire mesh for better liquid dispersion in air［J］. Chemical Engineering Science,2017,170:204-212.

［51］ZHANG J P,LIU W,LUO Y,et al. Enhancing liquid droplet breakup by hydrophobic wire mesh:Visual study and application in a rotating packed bed［J］. Chemical Engineering Science,2019,209:115180.

[52] XU Y C,LI Y B,LIU Y Z,et al. Liquid jet impaction on the single-layer stainless steel wire mesh in a rotating packed bed reactor[J]. AIChE Journal,2019,65(6):e16597.

[53] 曹晶,郭瑞生. 液化气脱硫醇装置提高碱液利用率研究[J]. 化工设计通讯,2017,43(11):104.

[54] ZHAN Y Y,SHI J,SU M J,et al. Kinetics of catalytic oxidation of sodium ethyl mercaptide[J]. Chemical Engineering Science,2020,217:115516.

[55] ZHAN Y H,WAN Y,SU M J,et al. Spent caustic regeneration in a rotating packed bed:Reaction and separation process intensification[J]. Industrial & Engineering Chemistry Research,2019,58(31):14588-14594.

[56] ZHAN Y Y,CAI Y,CHU G W,et al. Intensified regeneration performance of spent caustic from LPG sweetening by HiGee reactor[J]. Chemical Engineering Research and Design,2020,156:281-288.

[57] PEI D Y,SU M J,WANG Y Y,et al. Process intensification of 2,3,6-trimethylphenol oxidation in a rotating packed bed reactor[J]. Chemical Engineering and Processing - Process Intensification,2020,149:107842.

[58] GAO X Y,CHU G W,OUYANG Y,et al. Gas flow characteristics in a rotating packed bed by particle image velocimetry measurement [J]. Industrial & Engineering Chemistry Research,2017,56(48):14350-14361.

[59] 高雪颖. 旋转填充床中气相流动与气固催化反应的研究[D]. 北京:北京化工大学,2017.

[60] CHEN J F,LIU Y,ZHANG Y. Control of product distribution of Fischer-Tropsch synthesis with a novel rotating packed-bed reactor:From diesel to light olefin[J]. Industrial and Engineering Chemistry Research,2012,51(25):8700-8703.

[61] SANG L,LUO Y,CHU G W,et al. A three-zone mass transfer model for a rotating packed bed[J]. AIChE Journal,2019,65(6):e16595.

[62] 桑乐,罗勇,初广文,等. 超重力场内气液传质强化研究进展[J]. 化工学报,2015,66(1):14-31.

[63] LIU Y Z,LUO Y,CHU G W,et al. Liquid hold up and wetting efficiency in a rotating trickle-bed reactor[J]. AIChE Journal,2019,65(8):e16618.

[64] LIU Y Z,CHU G W,LI Y B,et al. Liquid-solid mass transfer in a rotating trickle-bed reactor:Mathematical modeling and experimental verification [J]. Chemical Engineering Science,2020,220:115622.

[65] LIU Y Z,LUO Y,CHU G W,et al. Monolithic catalysts with Pd deposited on a structured nickel foam packing[J]. Catalysis Today,2016,273:34-40.

[66] LIU Y Z,LI Z H,CHU G W,et al. Liquid-solid mass transfer in a rotating packed bed reactor with structured foam packing[J]. Chinese Journal of Chemical Engineering,2020,28(10):2507-2512.

[67] JIANG L,CHU G W,LIU Y Z,et al. Preparation of cordierite monolithic catalyst for α-methylstyrene hydrogenation in a rotating packed bed reactor[J]. Chemical Engineering and Process-

ing - Process Intensification,2020,150:107882.

[68] ELIAS Y,RUDOLF VON ROHR P,BONRATH W,et al. A porous structured reactor for hydrogenation reactions [J]. Chemical Engineering and Processing: Process Intensification, 2015,95:175-185.

[69] ZHANG J S,TEIXEIRA A R, KÖGL L T, et al. Hydrodynamics of gas-liquid flow in micropacked beds:Pressure drop,liquid holdup,and two-phase model[J]. AIChE Journal,2017, 63(10):4694-4704.

[70] MORENO-MARRODAN C,LIGUORI F,BARBARO P,et al. Continuous flow catalytic partial hydrogenation of hydrocarbons and alcohols over hybrid Pd/ZrO$_2$/PVA wall reactors[J]. Applied Catalysis A:General,2018,558:34-43.

[71] OGER C,BALAS L,DURAND T,et al. Are alkyne reductions chemo-,regio-,and stereoselective enough to provide pure (Z)-olefins in polyfunctionalized bioactive molecules? [J]. Chemical Reviews,2013,113(3):1313-1350.

[72] MUROYAMA K,FAN L S. Fundamentals of gas-liquid-solid fluidization[J]. AIChE Journal, 1985,31(1):1-34.

[73] WANG J W. Continuum theory for dense gas-solid flow:A state-of-the-art review[J]. Chemical Engineering Science,2020,215:115428.

[74] 李安琪. 深层流化床中气固两相轴向分布及演化的电容层析成像测量研究[D]. 北京:中国科学院大学,2022.

[75] 张晨曦. 并联系统气固两相流均匀分布稳定性分析[D]. 北京:清华大学,2017.

[76] WILHELM,R. H.,KWAUK,M. Fluidization of solid particles[J]. Chemical Engineering and Processing-Process Intensification. 1948,44:201.

[77] WALDRON C,CAO E H,CATTANEO S,et al. Three step synthesis of benzylacetone and 4-(4-methoxyphenyl)butan-2-one in flow using micropacked bed reactors[J]. Chemical Engineering Journal,2019,377:119976.

[78] 郭强. 电容层析成像在线测量气固流化床方法研究[D]. 北京:中国科学院大学,2019.

[79] FRANCIA V,WU K Q,COPPENS M O. Dynamically structured fluidization:Oscillating the gas flow and other opportunities to intensify gas-solid fluidized bed operation[J]. Chemical Engineering and Processing-Process Intensification,2021,159:108143.

[80] TU J C,SANG L,CHENG H,et al. Continuous hydrogenolysis of N-diphenylmethyl groups in a micropacked-bed reactor[J]. Organic Process Research & Development,2020,24(1):59-66.

[81] GOSZEWSKA I,ZIENKIEWICZ-MACHNIK M,BLACHUCKI W,et al. Boosting the performance of nano-Ni catalysts by palladium doping in flow hydrogenation of sulcatone [J]. Catalysts,2020,10(11):1267.

[82] XU F,CHEN J L,JIANG Z J,et al. Selective hydrogenation of nitroaromatics to N-arylhydroxylamines in a micropacked bed reactor with passivated catalyst[J]. RSC Advances,2020,10 (48):28585-28594.

[83] OSAKO T,TORII K,HIRATA S,et al. Chemoselective continuous-flow hydrogenation of aldehydes catalyzed by platinum nanoparticles dispersed in an amphiphilic resin[J]. ACS Cataly-

sis,2017,7(10):7371-7377.

[84] YE M,TIAN P,LIU Z M. DMTO:A sustainable methanol-to-olefins technology[J]. Engineering,2021,7(1):17-21.

[85] ZHANG C X,LI P L,LEI C,et al. Experimental study of non-uniform bubble growth in deep fluidized beds[J]. Chemical Engineering Science,2018,176:515-523.

[86] SHABANIAN J,CHAOUKI J. Effects of temperature,pressure,and interparticle forces on the hydrodynamics of a gas-solid fluidized bed[J]. Chemical Engineering Journal,2017,313: 580-590.

[87] TSUKADA M,NAKANISHI D,HORIO M. The effect of pressure on the phase transition from bubbling to turbulent fluidization[J]. International Journal of Multiphase Flow,1993,19(1): 27-34.

[88] ZHU X L,DONG P F,ZHU Z P,et al. Effects of pressure on flow regimestransition velocities and bubble properties in a pilot-scale pressurised circulating fluidised bed[J]. Chemical Engineering Journal,2021,410:128438.

[89] 黄凯. 电容层析成像技术在高温流化床中的应用研究[D]. 北京:中国科学院大学,2020.

[90] GUO Q,ZHANG Y X,PADASH A,et al. Dynamically structured bubbling in vibrated gas-fluidized granular materials[J]. Proceedings of the National Academy of Sciences of the United States of America,2021,118(35):e2108647118.

[91] GELDART D. Types of gas fluidization[J]. Powder Technology,1973,7(5):285-292.

[92] MAURER S,WAGNER E C,VAN OMMEN J R,et al. Influence of vertical internals on a bubbling fluidized bed characterized by X-ray tomography[J]. International Journal of Multiphase Flow,2015,75:237-249.

[93] YUE Y H,ZHANG C X,SHEN Y S. CFD-DEM model study of gas-solid flow in a spout fluidized bed with an umbrella-like baffle[J]. Chemical Engineering Science,2021,230:116234.

[94] TIAN P,WEI Y X,YE M,et al. Methanol to olefins (MTO):From fundamentals to commercialization[J]. ACS Catalysis,2015,5(3):1922-1938.

[95] LI A Q,MENG S H,HUANG K,et al. On the concentration models in electrical capacitance tomography for gas-fluidized bed measurements[J]. Chemical Engineering Journal,2022, 435:134989.

[96] HESSEL V,KRALISCH D,KOCKMANN N,et al. Novel process windows for enabling,accelerating,and uplifting flow chemistry[J]. ChemSusChem,2013,6(5):746-789.

[97] KOCKMANN N,GOTTSPONER M,ZIMMERMANN B,et al. Enabling continuous-flow chemistry in microstructured devices for pharmaceutical and fine-chemical production[J]. Chemistry,2008,14(25):7470-7477.

[98] ANDREWS I,CUI J,DASILVA J. Green chemistry articles of interest to the pharmaceutical industry[J]. Organic Process Research & Development,2009,13(3):397-408.

[99] MASON B P,PRICE K E,STEINBACHER J L,et al. Greener approaches to organic synthesis using microreactor technology[J]. Chemical Reviews,2007,107(6):2300-2318.

［100］ HAN Q,ZHOU X T,HE X Q,et al. Mechanism and kinetics of the aerobic oxidation of benzyl alcohol to benzaldehyde catalyzed by cobalt porphyrin in a membrane microchannel reactor［J］. Chemical Engineering Science,2021,245:116847.

［101］ SUERZ R,ERÄNEN K,KUMAR N,et al. Application of microreactor technology to dehydration of bio-ethanol［J］. Chemical Engineering Science,2021,229:116030.

［102］ SHEN C,WANG Y J,XU J H,et al. Glass capillaries with TiO_2 supported on inner wall as microchannel reactors［J］. Chemical Engineering Journal,2015,277:48-55.

［103］ ZHANG S Z,ZHU C Y,FENG H S,et al. Intensification of gas-liquid two-phase flow and mass transfer in microchannels by sudden expansions［J］. Chemical Engineering Science,2021,229:116040.

［104］ YANG C X,TEIXEIRA A R,SHI Y X,et al. Catalytic hydrogenation of N-4-nitrophenyl nicotinamide in a micro-packed bed reactor［J］. Green Chemistry,2018,20(4):886-893.

［105］ YU T,DING Z W,NIE W Z,et al. Recent advances in continuous-flow enantioselective catalysis［J］. Chemistry,2020,26(26):5729-5747.

［106］ 王珂,鄢冬茂,龚党生,等. 连续化加氢工艺和设备研究进展［J］. 染料与染色,2019,56(3):51-59.

［107］ MORENO-MARRODAN C,LIGUORI F,BARBARO P. Continuous-flow processes for the catalytic partial hydrogenation reaction of alkynes［J］. Beilstein Journal of Organic Chemistry,2017,13:734-754.

［108］ RAHMAN M T,WHARRY S,SMYTH M,et al. FAST hydrogenations as a continuous platform for green aromatic nitroreductions［J］. Synlett,2020,31(6):581-586.

［109］ LAUE S,HAVERKAMP V,MLECZKO L. Experience with scale-up of low-temperature organometallic reactions in continuous flow［J］. Organic Process Research & Development,2016,20(2):480-486.

［110］ YUE J. Multiphase flow processing in microreactors combined with heterogeneous catalysis for efficient and sustainable chemical synthesis［J］. Catalysis Today,2018,308:3-19.

［111］ IRFAN M,GLASNOV T N,KAPPE C O. Heterogeneous catalytic hydrogenation reactions in continuous-flow reactors［J］. ChemSusChem,2011,4(3):300-316.

［112］ YOSHIDA J I,TAKAHASHI Y,NAGAKI A. Flash chemistry:Flow chemistry that cannot be done in batch［J］. Chemical Communications,2013,49(85):9896-9904.

［113］ ELIAS Y,RUDOLF VON ROHR P,BONRATH W,et al. A porous structured reactor for hydrogenation reactions［J］. Chemical Engineering and Processing:Process Intensification,2015,95:175-185.

［114］ BEGALL MORITZ J,ALEXANDRA K,SEBASTIAN R,et al. Reducing the fouling potential in a continuous polymerization millireactor via geometry modification［J］. Industrial & Engineering Chemistry Research,2018,57(18):6080-6087.

［115］ HORNUNG CHRISTIAN H,XUAN N,ANTONY C,et al. Use of catalytic static mixers for continuous flow gas-liquid and transfer hydrogenations in organic synthesis［J］. Organic Process Research & Development,2017,21(9):1311-1319.

[116] HORNUNG CHRISTIAN H, SHRAVAN S, SIMON S. Additive layer manufacturing of catalytic static mixers for continuous flow reactors[J]. Johnson Matthey Technology Review, 2018,62(3):350-360.

[117] DHAKSHINAMOORTHY A, NAVALON S, ASIRI A M, et al. Metal organic frameworks as solid catalysts for liquid-phase continuous flow reactions[J]. Chemical Communications, 2020,56(1):26-45.

[118] AVRIL A, HORNUNG C H, URBAN A, et al. Continuous flow hydrogenations using novel catalytic static mixers inside a tubular reactor[J]. Reaction Chemistry & Engineering,2017, 2(2):180-188.

[119] ICHITSUKA T, TAKAHASHI I, KOUMURA N, et al. Continuous synthesis of aryl amines from phenols utilizing integrated packed-bed flow systems[J]. Angewandte Chemie (International Ed in English),2020,59(37):15891-15896.

[120] RÜDISÜLI M, SCHILDHAUER T J, BIOLLAZ S M A, et al. Scale-up of bubbling fluidized bed reactors-A review[J]. Powder Technology,2012,217:21-38.

第 **5** 章
膜分离技术及应用

5.1 概述

膜分离技术不仅在自然界中有着广泛的应用,而且在当今社会生产生活中也扮演着十分重要的角色。早在很久以前,人们就已经不自觉地对膜分离过程进行了接触和使用,例如,我国古老先民们在酿造、烹饪和制药的实践中,他们就利用了自然生物膜的分离特征。膜分离技术的发展不仅可以提高人类对自然界资源开发和利用的能力,为人类可持续发展提供了更多机遇,而且可应用于许多化学工业中,如利用在强化分离、提纯等化工操作过程中来提高产品的性能和质量。此外,膜分离技术也可以改善人们的生活质量,提高能源利用率,减少污染物的排放,改善空气质量,节约水资源等。

膜分离技术是一门与人们日常生活、工作息息相关的技术。随着生产力的不断发展和科学技术的不断进步,膜分离技术也从简单到复杂,从低级到高级,工艺从一种方式到多种联用方式,持续地进行改进和创新,从而提高产品的品质和成本,以适应人们不断变化的生活改善的需要。随着现代工业对节能、资源再生和减少环境污染的需求的不断增长,各种膜分离技术在饮用水处理、石油化工、轻工、纺织、食品、生物技术、医药、环保等领域发挥了越来越重要的作用。如今,世界各国对膜分离技术都极为重视,该技术是 20 世纪末到 21 世纪中期最有发展前景的高新技术之一。

5.1.1 膜的分类

自然界中普遍存在一种流体相(fluid phase)内或两种流体相之间,有一薄层凝聚相(condensed phase)物质把流体相分隔成两部分。这种薄的材料被称为薄膜,或者被称为膜(membrane)。被该薄膜分隔的流体相物质可能为液体,也可能为气体。薄膜自身可以是单一的单相或多个凝聚物组成的复合物。薄膜必须有两个分界面,通过这两个分界面,可以使薄膜与被它分开的两个分界面上的物相接触。

在膜分离工艺中,“膜”指的是具有某种特定性质的薄膜。对于分离膜,我们可以把它看成是在两个相间形成的一个半透过性的隔板,这个隔板按照某种规律将分子拦截下来。所以,两相之间的薄膜作为隔离层,避免两相之间的直接接触。这种隔离层可以是固态的,液态的,甚至是气态的。

膜的来源、材料、结构、功能以及制备的条件都是非常丰富的。一般来说,膜的分类方式如图 5.1 所示。

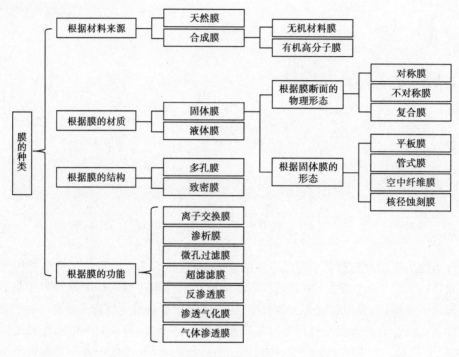

图 5.1 膜的分类

5.1.2 膜分离的特点

近年来,膜分离技术受到了世界各国的高度重视,其中包括美国、日本、加拿大等国家。因膜分离技术具有以下优势特点,故许多国家将其定位为高新技术,促进了膜技术的迅速发展。

①大部分的膜分离工艺不会产生相转变,因而能量消耗很小。

②在膜分离工艺中,通常不需要在外部添加其他材料,因此,它具有节约资源、环保的优点。

③采用膜分离工艺,可以在同一时间完成分离和富集、分离和反应,可使分离效率得到极大提高。

④由于膜分离工艺的操作条件一般比较温和,所以它尤其适合于对温度敏感的物质进行分离、分级、浓缩和富集。

⑤膜分离工艺应用广泛,不但可以用于从病毒、细菌到微粒等多种类型的有机、无机物质的分离,也可以用于多种具有类似物理特性的化合物组成的混合物的分离,例如共沸或近沸等,也可以用于其他某些特殊系统的分离。

⑥在不同的工艺条件下,膜法工艺的生产规模和生产能力可以有较大的差别,而在效率、设备价格和操作成本等方面,差别不会太大。

⑦膜组件结构紧凑、简单,易于操作、自动控制和维护。

随着膜分离技术的发展和应用,其在纯水生产、海水淡化、苦咸水淡化、电子工业、制药和生物工程、环保、食品、化工、纺织等行业中,都能提供高品质的分离、浓缩和纯化解决方案,为循环经济和清洁生产的实现提供了强有力的技术支持。当前,已经产业化的膜分离工艺包括:微滤、超滤、纳滤、反渗透、渗析、电渗析、渗透气化、气体分离等,其精确度高,操作简单,自动化程度高,能够满足各种行业的分离要求。表5.1列举了一些主要膜分离过程和主要特征。

表 5.1　主要膜分离过程及其基本特征

膜的种类	分离目的	分离驱动力	截留组分	透过物质	被截留物质
微滤(MF)	脱除溶液或气体中的粒子	压力差(约100 kPa)	$0.02 \sim 10~\mu m$ 粒子	溶剂、溶解物	悬浮物、细菌类、微粒子
超滤(UF)	脱除溶液中的胶体、各类大分子	压力差(100 ~ 1 000 kPa)	$1 \sim 20~\mu m$ 大分子溶质	溶剂和小分子	蛋白质、各类酶、细菌、病毒、乳胶、微粒子
纳滤(NF)	脱除有机组分、高价离子、软化、脱色、浓缩、分离	压力差(500 ~ 1 500 kPa)	>1nm 溶质	溶剂、低价小分子	大量溶剂、低价小分子溶质
反渗透(RO)	脱除溶液中的盐类及低分子物	压力差(1 000 ~ 10 000 kPa)	$0.1 \sim 1~nm$ 小分子溶质	溶剂、被电渗析截留组分	大量溶剂
渗析(D)	脱除溶液中的盐类低分子物	浓度差	$> 0.02~\mu m$ 溶质、血液渗透析中 $> 0.005~\mu m$ 溶质	离子、低分子物、酸、碱	无机盐、尿素、尿酸、糖类、氨基酸
电渗析(ED)	脱除溶液中的离子	电位差	同名离子、大离子和水	离子	无机离子、有机离子
渗透气化(PVAP)	溶液中的低分子及溶剂间的分离	压力差、浓度差	不易溶解组分、较大或难挥发物	蒸汽	液体、无机盐、乙醇溶液
气体分离(GS)	气体、气体与蒸气的分离	压力差(1 000 ~ 10 000 kPa)、浓度差(分压差)	较大组分	易透过气体	不易透过气体

5.2　膜分离技术

膜分离过程(membrane separation process)是利用膜的选择性分离实现混合体系(液液、固液、气液、固固、气、固、气气等系统)中的不同组分的分离、纯化、浓缩的过程。根据膜的分离原理可将其分为如下两类:

(1)机械过筛分离原理

机械过筛分离原理是指利用分离膜上的微孔,利用被分离混合物中各个构成成分在质量、体积和几何形状上的不同,采用过筛的方式,使得比微孔大的成分难以透过,而比微孔小的成分则易于透过,从而实现了对它们的分离,例如微滤,超滤,纳滤,透析等。

（2）膜扩散机理

根据待分离混合物各组分对膜亲和性的不同为依据,利用扩散的方法,使与膜亲和性大的组分溶解于膜中并从膜的一侧扩散到另一侧,而与膜亲和性小的组分则被截留下来,从而实现两种组分的分离,例如反渗透、气体分离、液膜分离、渗透蒸发等。

下面对一些常规和新型的膜分离方法作简单介绍。

5.2.1 常规膜分离技术

膜技术是一门古老而又新兴的技术,其发展和应用也在不断地向更深更广的方向发展。6个常规的膜分离技术是指微滤、超滤、反渗透、纳滤、渗析、电渗析。

1）微滤

微滤（microfiltration, MF）是以静压差为推动力,利用多孔膜的选择透过性实现直径为 $0.1 \sim 10$ μm 的颗粒物、大分子以及细菌等溶质与溶剂分离的过程。微滤膜具孔径均匀［其孔径变化范围在（0.45 ± 0.02）μm］、空隙率高（$10^7 \sim 10^{11}$ 个/cm^2,空隙率高达 80% 左右）、滤材薄（在 150 μm 左右）等特点。

微滤具有从 $0.01 \sim 0.2$ MPa 的工作压力差,以及从 $0.08 \sim 10$ μm 的待分离颗粒的粒径。微滤在过滤过程中,不会产生任何的杂质,并且不会产生任何的毒性,因此,它具有很好的使用、更换性能,并且具有很高的使用寿命。同时,该过滤装置具有良好的过滤性能,能有效地截留比孔径更大的颗粒、细菌和污染物,过滤效果好的特点。因此,它已成为现代大工业,尤其是尖端技术工业中确保产品质量的必要手段。

工业用微滤装置有板框式、管式、螺旋式、普通筒式、折叠筒式、帘式及浸没式等多种结构。根据操作方式又可分为高位静压过滤、减压过滤和加压过滤。

（1）板框式微滤设备

工业上应用的微滤设备主要为板框式（图5.2）,是由滤框和滤膜组成的一个基本过滤单元。从结构上可以分为单层平板式和多层平板式。前者主要用于实验室少量流体的过滤,多适用于水和空气的超净处理;后者用于大量流体的过滤,主要应用于生物医药和饮料的工业生产过程的液体过滤。

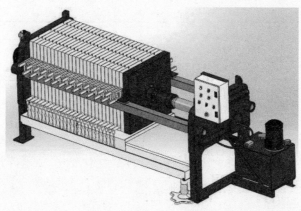

图 5.2 板框式微滤设备图

（2）褶叠筒式

此类设备适于大量液体的过滤,其特点是单位体积中的膜面积大、过滤效率高、强度高、滤孔分布均匀、使用寿命长等。常见的微滤滤芯长为 245 mm,外径为 70 mm,内径为 25 mm,滤膜呈折叠状。大型的褶叠筒式过滤器(图 5.3)可由 20 根滤管组成,每台过滤器表面积大于 30 m²,处理量可达 280 ~ 450 L/h。

微孔折叠滤芯

图 5.3　褶叠筒式微滤设备示意图

目前,微滤膜已经广泛应用于食品工业、石油化工、分析检测以及环保等领域,其应用领域非常广泛,见表 5.2。

表 5.2　微滤过程的主要用途

应用领域	用途举例
实验分析	绝对过滤收集沉淀、溶液的澄清、酶活性的测定、受体结合研究等
制药	药品原液及其制剂的除菌除杂、制药生产废水的综合治理、中药提取液微细絮状物的过滤
石油	用于催化剂生产中的液固分离、低渗油田注入水的处理等
医疗	眼药水和静脉注射液的除菌、除颗粒等
微生物学	浓集细菌、酵母菌、霉菌、虫卵等
电子	控制和检测电子产品洁净生产场所的微粒子和细菌、超净高纯试剂杂质的清除等
冶金	冶金工业废水处理
给水工程	超纯水及饮用纯净水生产中微粒、细菌的去除等
污水处理	作为膜生物反应器的分离单元,去除污水中的微粒、胶体及细菌等
污水回用	作为污水回用中的预处理单元、印染废水脱色等

2）超滤

超滤(ultrafiltration,UF)主要以静压差为推动力,原料液中溶剂和小溶质粒子从高压的料液侧透过膜流到低压侧,大粒子组分被膜所阻拦,有效截留蛋白质、酶、病毒、胶体、染料等大分子溶质的筛孔分离过程称为超滤(图 5.4)。其操作静压差一般为 0.1 ~ 0.5 MPa,膜孔径为 5 ~ 40 nm,截留分子量为 1 000 ~ 300 000 Da。

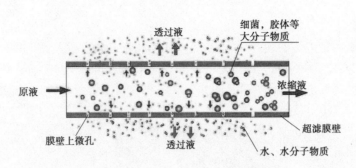

图 5.4　超滤膜过滤原理图

由于超滤技术具有相态不变、不需要加热、设备简单、占地面积小、操作压力低、能耗低等优点,这项技术很快便从研究转向实际应用,并在工业上迅速得到大规模应用。其具体特点如下:

①操作环境温和,在不发生相转变的情况下进行密闭操作,操作简便,节能降耗。

②膜分离设备简易,较少地占用空间且具有较高的分离效率。

③工艺流程简单,兼容性强,容易与其他工艺集成。

④物质在膜分离过程中不发生质的变化,不产生副产物,适合对 pH 值、温度、离子强度敏感的物质进行分离、浓缩或纯化。

⑤无试剂加入、无二次污染、绿色环保、清洁高效。

⑥采用不同截留分子量的超滤膜可以实现有机化合物的分离。

目前,超滤技术的应用实例多达上千种。超滤技术既可作为预处理过程与其他分离过程结合使用,也可单独用于溶液的浓缩和小分子溶质的分离。超滤技术的主要应用领域非常广泛,见表5.3。

表5.3　超滤过程的主要用途

应用领域	主要用途
水处理	超纯水制备、自来水净化、矿泉水净化、海水淡化预处理、地表水处理
医药工业	输液用水生产、血液的净化、药物中的热原去除、中草药的精制和浓缩、激素提取、血清蛋白提取、抗生素提纯、干扰素提纯、人工血液的制造
石油化工	各种油品,如燃料油、润滑油、切削油的过滤澄清
食品工业	酸制剂浓缩、乳清蛋白回收、低度白酒去浊除菌、酒类精制、茶的澄清、果蔬汁的加工、植物蛋白的回收、油脂精炼和磷脂提取、糖浆净化
生物化工	霍乱外霉素的精制、人体生长激素的提取、人血清蛋白浓缩、菌体浓缩分离、牛血清的分离、发酵产品的分离精制、维生素 C 的生产
废水资源化	造纸涂料回收、电泳漆废水中涂料回收、纺织废水染料回收、制革废水鞣酸回收、上浆液回收、冷却水回用、乳胶回收、含油废水浓缩回用

3)反渗透

反渗透(reverse osmosis,RO)是指反渗透膜仅能通过溶剂(一般为水)和保留离子类物质的技术,以两相间的压力差值作为驱动力,将溶剂通过反渗透膜,达到对混合液进行分离的目的。其操作压差一般为 1.5 ~ 10.5 MPa,截留组分的大小为 1 ~ 10 nm 的小分子溶质。反渗透技术既能实现对混合液中各组分的高效分离,又能有效抑制污染物的产生,增强了系统的稳定性与可靠性。

在一定的温度下,溶液与溶剂间有一种由浓到淡的自发扩散。使用半透薄膜将溶剂与溶液分离,且此半透薄膜只容许溶剂分子而不容许溶质分子通过,若此半透薄膜两边的静压力相等,则会出现此溶剂从此稀溶液侧通过此半透薄膜至此浓溶液侧的渗透现象,如图 5.5(a)所示。最终的结果是溶液侧的液柱上升,达到一定高度不变,溶剂不再流入溶液,系统处于动态平衡状态,这种对于溶剂而言的膜平衡被称为渗透平衡,如图 5.5(b)所示。此时,两侧溶液的静压差就与两个溶液之间的渗透压相等。所有的溶液都具有渗透性,但若没有半透性的薄膜,其渗透性就不能体现出来。如果在右侧增加压力,就会导致一些溶剂分子被驱动到左侧,也就是说,当膜两侧的静压差比溶液的渗透压差更大时,溶剂将从溶质浓度高的溶液侧,透过膜流向浓度低的一侧,这就是反渗透现象,如图 5.5(c)所示。

反渗透过程必须满足的两个条件:

①具有高选择、高通量的选择渗透膜。

②在一定的条件下,工作压力应大于溶液的渗透性。

在实际渗透过程中,隔膜两侧的静态压力差值也就是隔膜渗透的阻力。

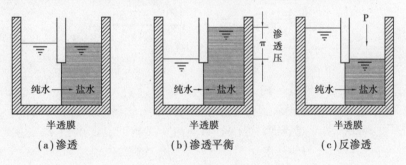

图 5.5　渗透与反渗透原理

随着反渗透膜的高度功能化和反渗透应用技术的开发,反渗透技术已从海水及苦咸水淡化逐渐渗透到食品化学、生物医药、化工生产等行业的分离、精制、浓缩操作等方面(表 5.4)。在促进循环经济、节能减排、环境保护和人民生活水平提高等方面发挥着越来越重要的作用。

表 5.4　反渗透过程的主要用途

应用领域	主要用途
制水	海水和苦咸水的淡化,纯水制造,锅炉、饮料、医药用水制造等
化学工业	石化废水处理、回收,胶片废水回收药剂,造纸废水中木质素和木糖的回收等
医药	药液浓缩、热原去除、医药医疗用无菌水的制造等
农畜水产	奶酪中蛋白质的回收,鱼加工废水中蛋白质和氨基酸的回收、浓缩,从鱼肉中制氨基酸等
食品加工	鱼油废水处理、果汁浓缩、葡萄酒浓缩、糖液浓缩、淀粉工业废水处理等
纺染	染料废水中染料和助剂的去除、水回收利用、含纤维和油剂的废水处理等
石油	含油废水处理等

续表

应用领域	主要用途
表面处理	废水处理及有用金属的回收等
水处理	水回收利用、离子交换再生废水的处理、企业废水的再生利用等

4)纳滤

纳滤(nanofiltration,NF)是20世纪80年代末发展起来的一种新型压力驱动膜分离技术，是一种由反渗透发展而来，为适应工业需求，实现降低成本的新型膜品种。纳滤过程的操作压力在0.5~2.0 MPa或更低，纳滤膜的孔径大约在1 nm，并且主要是一种带电的膜，常被用于将无机盐或葡萄糖、蔗糖之类的小分子有机物，从溶剂中分离出来(图5.6)。

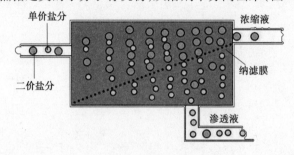

图5.6　纳滤原理图

纳滤膜主要有以下特点：

①膜孔径小，以纳米级别计量。其主要分离的对象为分子大小在1 nm左右的溶解组分，对于电中性体系，纳滤膜主要通过筛分效应截留分离体系中粒径大于膜孔径的溶质。

②具有离子选择性。纳米滤膜通常是一种具有电荷结构的复合型膜，其表面通常具有电荷结构，利用其与多价离子之间的静电作用，可以与多价离子发生道南(Donnan)效应，从而实现对多价离子的高效分离。纳滤膜对一价金属离子的选择性很差，只有10%~80%；采用纳滤技术得到的水质最接近天然泉水，效果比RO膜更显著。通常，其对于阳离子的截留能力顺序为$Ca^{2+}>Mg^{2+}>K^+>Na^+$；对于阴离子的截留能力顺序为$Cl^-<OH^-<SO_4^{2-}<CO_3^{2-}$。

③操作压力低。纳滤过程所需操作压力一般为0.5~2.0 MPa，最低甚至可以达到0.3 MPa。

④对系统动力设备的要求低，设备投资低，具有低能耗的优点。

由于纳滤分离过程中不发生化学变化、不需要热量输入、可保持被分离物质的活性，且操作简单、成本低，其作为一种分离技术可实现液体物料的纯化、浓缩、澄清、脱盐、多组分分级。纳滤工艺对一价离子、分子量<200的有机污染物具有很好的选择性，但对于二价、高价离子、分子量在200~2 000的有机污染物却具有很好的去除效果。基于这一选择分离特性，纳滤技术已广泛应用于水处理、食品浓缩、药物的分离精制、石油的开采与提炼、冶金等领域，特别是在某些分离过程中极具优势，例如在水的软化、污水和工业废水的净化等方面有显著的效果。

5)渗析

渗析(dialysis,D)，又称透析。它是一种通过膜对溶液的选择性渗透，以溶液的浓度差异作为驱动力，对溶液进行分离的一种膜操作。即利用半透膜能透过小分子和离子但不能透过胶体粒子的性质从溶胶中除掉作为杂质的小分子或离子的过程(图5.7)。

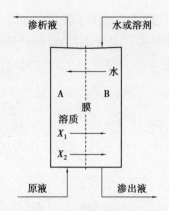

图 5.7　透析原理图

　　渗析是最早被发现并被研究的膜分离技术,但受限于系统自身的条件,其处理速率较慢、效率较低、选择性较低,很难实现对不同物质的彻底分离,目前多应用于复杂体系中小分子量组分的去除。例如,利用渗透析出的薄膜替代肾脏,将具有毒性的尿素、肌酸钙、磷酸盐、尿酸等小分子量组分去除,从而达到治疗肾脏疾病的目的,但其机理尚不明确。

　　透析膜的典型应用实例就是利用模拟人工肾来进行血液的渗析。其阻隔机制在于水的膨润作用,使得水分子以不同形态(如结合水、自由水等)滞留在形成膜的大分子链间,从而形成"孔眼"。根据这些网孔的尺寸,渗析薄膜会表现出与其溶质分子尺寸相对应的分选的多孔薄膜特性。

6)电渗析

　　电渗析(electrodialysis,ED)是在直流电场的作用下,以电势差为推动力,通过离子交换膜对溶液中的阴、阳离子的选择,将电解质与溶液进行分离,进而达到对溶液进行浓缩、淡化、精制和提纯的目的。

　　电渗析器主要包括离子交换膜、隔板、电极以及夹紧装置等部分,如图 5.8 所示。起初电渗析器各隔室中充满的电解质溶液在直流电场的作用下,阳离子不断穿过阳极膜向阴极迁移,阴离子则不断穿过阴极膜向阳极迁移。同时,离子交换膜对离子的选择透过性使得阳离子不能通过阴膜向阴极迁移,而阴离子也不能通过阳膜向阳极迁移。因此,随着时间的推移,相关隔室中溶液的离子含量越来越少。随着反应进行,隔室得到淡化的同时,与该隔室相邻隔室中的离子浓度逐渐升高,因而该隔室的溶液得到了浓缩。不难看出,外加的直流电场和具有选择透过性的离子交换膜是电渗析过程应具备的两个基本条件。

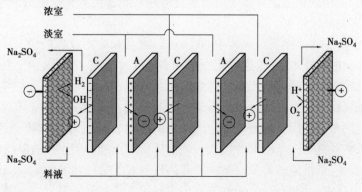

图 5.8　电渗析原理图

电渗析技术在 20 世纪 50 年代就成功地用于苦咸水和海水的淡化。经过半个多世纪的发展,电渗析技术已成为一种成熟而重要的膜分离技术,广泛地应用于化工分离、工业废水处理以及浓缩等领域。

5.5.2 新型膜分离技术

除了对常规的膜分离技术展开更深层次的研究之外,国内外的研究人员还在持续地开拓创新,研发出多种新型的膜分离技术,主要包括正渗透、渗透气化、气体膜分离、膜蒸馏、液膜分离等。

1)正渗透

正渗透(forward osmosis,FO)是一个浓度驱动的过程,它是利用选择透过性膜两侧溶液的化学势差作为推动力,使得水分子自发地从化学势高的原料液一侧经过膜扩散到化学势低的汲取液一侧,从而不断地浓缩原料液、稀释汲取液,直到半透膜两侧的化学势一致为止,在此过程中不需要外加的压力和能量。

要实现正渗透过程需要满足两个主要条件:

①要制备出允许水分子通过,同时截留水中其他溶质的选择性分离膜。

②分离过程中的汲取液能够提供高驱动力,同时易于浓缩从而循环利用。

正渗透过程中的驱动力是膜两侧即原料液侧和汲取液侧的渗透压差,而相对应的反渗透过程则需要外加压力才能使水分子从汲取液侧扩散进入原料液侧。压力阻尼渗透(pressure retarded osmosis,PRO)是一种处于正渗透与反渗透之间的过程,其水流具有与正渗透类似的流速,在高渗透压的一方,在其作用下水流仍会从原液侧向驱动液侧流动。由于其驱动因素仍为渗透压,故它也是一种正渗透过程。

FO、RO、PRO 过程的一般水通量的公式为:

$$J_w = A(\sigma \Delta \pi \cdot \Delta p) \tag{5.1}$$

式中　J_w——膜的水通量;

　　　A——膜的纯水渗透系数;

　　　σ——反射系数(与膜选择性相关,通常为 0~1);

　　　$\Delta \pi$——外加压力;

　　　Δp——原料液侧与汲取液侧的渗透压差。

目前正渗透技术主要还停留在实验室研究阶段,商业化应用相对较少,但作为一种新型膜分离技术,低能耗、低污染和常温常压下运行等优势使正渗透技术有望应用于水资源、食品、医学以及能源等众多领域。

近些年来众多的科研工作者投入其中,在膜材料制备和应用过程的研究中取得了一系列进展,但作为一种新的膜技术,正渗透目前面临许多的技术难点。首先,由于正渗透法处理废水时的浓差极化,导致废水的真实流量比理论流量要小得多。如何优化膜结构,提升膜性能,是亟待解决的关键科学问题。其次,缺乏易于回收利用的汲取液是限制正渗透技术发展的另一个重要因素,特别是在利用正渗透技术制取纯水的过程中,无论采用加热法还是精渗透或者膜蒸馏技术,降低能耗都是一个巨大的挑战。理性看待和正确利用正渗透膜技术的优势,发挥其在浓缩方面低能耗、低污染的特长,在食品、药品或者农业某一领域的工程应用中取得突破,从而推动正渗透膜技术的快速发展,仍然需要广大科研工作者继续努力。

2）渗透气化

渗透气化（pervaporation，PV）是一种新兴的混合液分离技术。当前，一般认为该方法的主要作用机制为"溶解与扩散"，即在蒸气分压差的驱动下，通过不同组分之间的溶质、扩散速率的不同，而达到有效的分离效果。

图5.9给出了渗透气化的分离原理。该膜是一种将液体和渗透剂分成两个不同的流体，液体侧（膜上游侧或膜前侧）通常保持常压，而液体侧（膜下游侧或膜后侧）以真空或载气吹扫的形式保持较低的组分分压，在两个不同组分之间压力差值（化学梯度）的驱动下，液体中的组分在两个方向上发生扩散，最终在膜后形成水汽。由于物料中各成分的理化特性不同，其在膜中的热力学特性（溶解度）与动力学特性（扩散速率）也有差别，导致物料中各成分透过膜的速率也有差别，使得物料中的易渗组分增多，物料中的难渗组分增多。

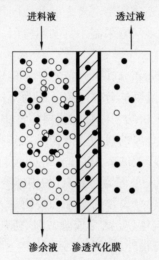

进料液　　透过液

渗余液　渗透汽化膜

图5.9　渗透汽化膜分离原理图

渗透汽化是一种特殊的方法，适合于分离近沸点、恒沸点的有机混合物，在去除有机溶剂及其混合溶剂中的痕量水，分离废水中的少量有机污染物，以及回收水中的高价值有机物等方面有着显著的技术与经济优势。同时，渗透汽化也可以与生化和化学反应进行偶联，使反应产物不断地被去除，从而提高了反应的转化率。

渗透汽化膜分离技术的优点主要包括以下几个方面：

①高效节能：渗透气化分离过程不需要将料液加热到沸点以上，一般不需要太高的温度，故比恒沸精馏等方法可节能1/2～2/3；装置体积小，装备结构紧凑，资源利用率高，与精馏分离设备相比可节约空间4/5以上。

②环境友好：渗透气化技术在分离过程中无副产物产生，产品质量高，避免了对环境或产品造成的污染。

③操作简单，具有较高的安全性。

该方法具有流程简单、操作条件温和、自动化程度高等优点，因而具有很高的安全性，更适用于易燃易爆溶剂系统的处理；同时，该方法还能保持低温，因而可以应用于某些热敏物质的分离。

在能源危机与环境污染日益严重的今天，渗透汽化作为一种简便、无污染且高效率的分离方式已经受到了广泛关注,并且已经有了工业化的板框式和管式渗透气化膜组件。渗透汽化膜分离技术将会在医药、化工、环保、食品等各个领域具有较大的应用潜力。然而,渗透汽化的工业化应用仍受到一些因素的制约,主要包括以下几个方面:

①对膜材料、分离层和器件的性能的要求更高。溶剂组分在膜中的溶解扩散速度差异决定了渗透汽化性能。

②膜组件的结构参数对渗透汽化性能有重要影响,对其结构参数进行计算模拟与优化设计是未来获得高性能渗透汽化膜组件的重要方向。

③由于渗透汽化的分离体系大多为有机溶剂体系,有机溶剂对胶黏剂的溶胀会造成膜组件的短流现象。因此,发展耐溶剂和耐高温的封装材料是未来保证渗透汽化膜组件稳定运行必须考虑的重要因素。

④由于有机/无机杂化膜能够充分利用两者之间的协同作用,是目前渗透汽化膜材料领域的一个重要发展趋势,但存在的诸多问题限制了其实际应用。

3)气体膜分离

气体膜分离(gas membrane separation,GMS)技术作为膜分离技术的新秀,是指在两侧压力差驱动下,气体分子与膜接触并透过膜的分离过程。因为不同成分在膜面上的吸附量和在膜层中的扩散量不同,因此,渗透速率快的气体会在膜层中富集,低渗透率的气体则会在进料端富集,从而达到对气体混合物进行分离的目的。该技术以其高效、低能耗和简单的特点,在石油、化工和天然气的生产中得到了广泛的应用。

1979 年,Monsanto 公司推出了一种名为"Prism"的中空纤维氮氢分离机,该设备被应用在氢气和氨气的分离系统中,使得气体分离膜的研究和应用进入了快速发展阶段。气膜分离技术在石油和石油化工等行业排放气体(如氨合成弛放气、炼厂气等)中得到了广泛应用,开启了其产业化的时代。除了氢氮分离膜外,富氮、富氧膜分离也得到长足进展和工业应用。

4)膜蒸馏

膜蒸馏技术(membrane distillation,MD)是一种非等温的新型分离技术,从出现到应用,其发展历史仅短短几十年。

膜蒸馏是一种以疏水性微孔薄膜为隔板,实现了对高温原料与低温渗透液体的有效分离。膜蒸馏属于热驱动的分离过程,由于膜两侧存在着温度梯度,而产生了一定的蒸汽压差,待处理料液中的水蒸气分子以蒸汽压差为推动力,通过疏水激孔膜,进入膜的另一侧,直接或间接地与冷凝液接触,从而达到分离的目的(图 5.10)。

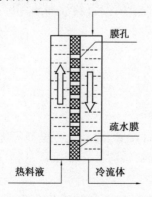

图 5.10 膜蒸馏示意图

在膜蒸馏工艺中,进料与膜直接接触,蒸汽分子穿过膜孔后,直接或间接与膜的另外一侧接触。相比反渗透、超滤等技术,膜蒸馏的特别之处是采用疏水膜,只有气体可以穿过膜孔,具有以下优点:

①料液中挥发性溶质的截留率较高,接近 100%。

②操作温度低于传统的(蒸)精馏,可利用低位能源如太阳能、地热、工业废热等。

③比反渗透技术操作压力低,对膜的力学性能要求低。

④可处理高浓度溶液,待溶液浓度达到过饱和时析出晶体。可作为零排放工艺最后一级的浓缩手段。

膜蒸馏技术主要应用领域分为两大类:一种是以渗透液为目的产物,另一种是以截留物为目的产物。例如,海水、苦咸水的淡化,挥发性有机物的脱除,果汁、液体食品的回收浓缩、共沸物的分离、重金属物质的回收和反渗透废水的处理等。膜蒸馏也可以用来制备电厂锅炉、电子工业和半导体工业所用的超纯水。

膜蒸馏发展至今竞争力不足的主要原因是制膜成本高、膜污染、能耗高等问题。膜蒸馏想要实现工业化应用,需要制备出分离性能高、通量高、成本低、抗湿润和污染、易于工业化生产和应用的膜蒸馏用膜,同时需要设计出传质、传热性能良好的膜组件,以提高过程的热效率和分离性能。

5)液膜分离技术

1930 年,生物学家发现细胞壁具有特定的选择性和浓缩效应。而后,液体薄膜在化学工程分离领域受到广泛关注。液膜分离技术(liquid membrane permeation,LMP)是利用液膜进行物质的分离和提纯的一种新型膜分离技术。其中,液膜是在溶液中悬浮一层极薄的乳液粒子,并用表面活性剂中亲水基和疏水基的定向排列以固定油水分界面而形成一种稳定的薄膜形状。

传统萃取工艺中的传质驱动力来源于两相之间的溶解程度不同,而液膜法是一种破坏溶剂化学平衡的非平衡传递过程。在化学势能的影响下,溶剂分子由基体向基体扩散,并向基体和液膜的界面移动,最终进入液膜相中;通过在液膜中的扩散作用,使其达到了分离和分离的目的,从而达到了"内耦合"的目的。

液膜分离技术的传质机理可概括为两大类:单纯迁移和促进迁移,如图 5.11 所示。

(1)单纯迁移

在该膜中没有可移动的载体,也没有与被分离的材料起反应的试剂,根据被分离的组分(A、B)在该膜中的溶解性及扩散系数的差异进行了分离,如图 5.11(a)所示。

(2)促进迁移

采用简单的转移液膜进行分离时,在两个方向上转移的溶质浓度均匀时,转移就会自动终止。因此,它不能产生浓缩效应。然而,可通过在反萃相中进行化学反应(如Ⅰ型促进迁移)或者添加流动载体(如Ⅱ型促进迁移)的方式来提高传质效率。

①Ⅰ型促进迁移:在反萃相内添加试剂 R,该试剂可与溶质发生不可逆的化学反应,使待迁移的溶质 A 与其生成不能逆扩散透过膜的产物 P,从而保持渗透物在膜相两侧的最大浓度差,以促进溶质迁移,如图 5.11(b)所示。

②Ⅱ型促进迁移:在液膜中加入可以流动的载体,载体分子先在外相选择性地与某种溶质发生化学反应,生成中间产物,然后这种中间产物扩散到膜的另一侧,与液膜内相中的试剂作

用,并把该溶质释放到内相,而流动载体又扩散到外相侧,重复上述过程,如图 5.11(c)和(d)所示。

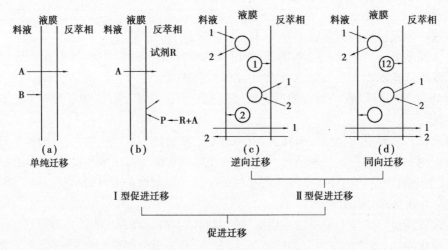

图 5.11 液膜传质原理图

液膜技术从 20 世纪 60 年代被提出来,分离体系逐渐扩大。从最初的烃类化合物的分离,到后来的生物体分离、药物分离及金属离子的分离,具有良好的应用前景。

5.3 膜分离技术的应用

膜分离技术被人们普遍认为是一种具有发展前途的高新技术。当前,它已经被广泛应用于各个领域,如水处理工业、石化工业、食品工业、医药工业等。

5.3.1 在水处理工业中的应用

近年来,各种新型的、改良的、高效的污水处理工艺不断涌现。在众多的污水处理技术中,膜技术由于具有高效、节能、设备简单、操作方便等优点而得到了越来越多的重视。

1)水的净化与脱盐

随着我国居民生活质量的不断提升,对饮用水质量的需求也不断增加,加之现有技术存在一些缺陷,例如氯代消毒过程中,氯代生物可与水体中部分有机污染物发生作用,形成新的"三致"(致癌、致突变、致畸)物质。将膜法应用到饮用水中,是一项重要的技术突破。

水质的净化是指将水体中的悬浮物、细菌、病毒、无机盐、杀虫剂、有机物、溶解性气体等除去。在此过程中,膜分离技术起到了重要的作用。由微滤、超滤和纳滤组合而成的水处理方法,在除去水中微米级的颗粒方面,比传统的水处理技术更强,并且还可以有效去除在过滤中不存在的纳米级微粒,同时还可以除去水体中的悬浮物、细菌、病毒、无机物、农药、有机物和溶解气体等杂质。

(1)海水淡化

在淡水资源紧缺的背景下,一些国家将目光转向了大量的海水资源。目前,中东占据了全球最大脱盐市场的 60%,美洲和其他国家分别占据了 20% 和 20%。国际海水淡化组织(the

International Desalination Association)的统计,全球海水淡化装置产量已达 83 亿 cm^3,占全球总淡水供应量的 1/1 000 以上,而且还在以每年 10% ~ 30% 的速度增长。2019 年脱盐设备每年的销售量已突破了 20 亿美元。在各种海水淡化技术中,反渗透技术具有显著的优越性。由于 RO 膜的性能提升、成本降低、高压泵的使用以及能源的回收,使得 RO 脱盐技术已经成为一种成本最低、投资最省的海水制取生活饮用水的方式。

在国内,目前应用最多、技术最成熟的方法是电渗析,然后是反渗透。在此基础上,日本 AGC 公司提出了一种具有自主知识产权的电渗析脱盐技术。目前,国内反渗透脱盐技术尚不完善,对多级闪蒸、低温多效脱盐等技术仍处在研发与应用的初级阶段,还不具备独立的技术和制造能力。

(2)苦咸水淡化

苦咸水是指一种自然水,其中总溶解固体含量(TDS)在 1 000 ~ 10 000 mg/L。因其 TDS、溶解离子和悬浮物的类型和浓度等差异较大,目前尚无统一的标准界定。按照其成因及赋存形态,可将其划分为地表水(主要是河流、湖泊、河水)和地下水两类。

苦咸水的含盐量远低于海水,因此脱盐的费用也相对低廉。所以,利用反渗透技术对苦咸水进行脱盐处理,是目前最经济的脱盐技术之一。因此,研究开发用于苦咸水去盐的分离技术,尤其是开发低压力高通量的分离技术,是目前苦咸水去盐技术发展的一个重要趋势。

(3)城市家庭饮用水的净化

当前,我国城市给水管网存在腐蚀、破损等中间污染环节,加之多、高层居民区的开发,导致了二次污染问题的产生。为满足国家生活饮用水的卫生标准,供水部门大量地使用了消毒剂,尽管其中的微生物已经被消灭,但它们的残骸还会残留在水里,而且,在大量使用消毒剂之后,还会出现某些副产品,这些副产品会给饮用水的口感和人们的身体健康造成不好的影响。随着居民生活水产与卫生意识的不断提高,对饮水水质提出了更高的要求,净水器就此应运而生。

大多数的净水器都是使用了阻筛过滤原理的渐进式结构,即是由多级滤芯首尾串接而成,滤芯的精密度按由低到高的顺序进行排列,以实现多级滤芯分担截留污物的目的,从而降低了滤芯堵塞和人工排污、拆洗的次数,并延长了更换滤芯的周期。

净水器的原理如图 5.12 所示。

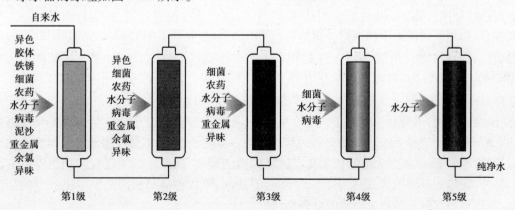

图 5.12　净水器的原理示意图

第 1 级(PP 棉滤芯):可滤除管道中泥沙、铁锈,过滤精度 1 μm。

第2级(活性炭棒滤芯):吸附水中余氯、有机物。

第3级(UF超滤膜):去除小颗粒、较大细菌,过滤精度 0.01 μm。

第4级(反渗透RO膜):彻底去除细菌、病毒、重金属,过滤精度 0.000 1 μm。

第5级(后置活性炭T33):进一步吸附杂质,去除异味,改善口感。

2)工业废水的处理

随着工业的不断发展,一些工厂向水中排放了大量的工业污水。这些工业污水量大、危害大,大部分都是各种化学污染物。虽然有的有很高的经济效益,但是有的却是有毒、有害的,对人体健康和生态环境都会产生不良影响。为了循环利用工业废水,对工业废水进行净化是必要的。采用膜法处理工业污水,不仅可以高效处理污水,而且可以使污水中的有用材料得到回收利用,节约能源。目前,膜技术已被广泛应用于处理五大类工业废水,即电镀废水,造纸废水,重金属废水,含油、脱脂废水,印染废水。

(1)电镀废水

电镀废水中含有大量高毒性但经济价值高的重金属离子,回收其中的重金属离子,可以使水实现闭路循环,达到资源利用和保护环境的目的。RO对高成本的重金属离子有较好的脱除作用,既能从废水中提取出大部分的重金属,又能使废水得到充分的循环使用。电镀废水主要包含电镀工艺的前处理废水、镀层漂洗废水、后处理废水、废镀液、设备冲洗废水、刷洗地坪和极板废水,以及因操作或管理疏漏产生的废水,此外还包括了在废水传统的化学处理过程中造成的二次污染的废水等。

传统的电镀厂污水处理工艺存在着化学法耗量大、离子交换法二次污染等缺点。近年来,膜分离技术在电镀污水治理与资源化中得到了广泛应用。若将该技术用于电镀污水的处理,不但结构紧凑、操作简便,还能有效地回收重金属,使污水资源化,与清洁生产相适应,因而具有广泛的应用前景。例如,莱特莱德公司将"纳滤和反渗透"复合膜技术用于电镀污水的治理,并将复合膜技术用于电镀污水的回用,在避免二次污染的同时,还可将污水中的有毒金属元素进行循环利用,达到了节约用水、减少二次污染的目的。

(2)造纸废水

对制浆废水进行治理比较困难,通常采用物化、生物化学等方法来去除其中的污染物。污水中含有大量的杂质,即使经过工艺的处理,其出水也可以满足一定的排放条件,但是还远远达不到回收利用的要求。传统的砂滤、活性炭过滤、多介质过滤等技术,虽然可以达到一定的效果,但是却不能对污水中的可溶性污染物(如 COD、氨氮和盐分等)进行有效脱除,而且在脱除后还会对造纸性能产生影响。当前主要采用的工艺有连续微滤(CMF)+RO、膜生物反应器(MBR)+RO 和 UF+RO 等技术的耦合使用。

以 UF+RO 的双膜法处理某电镀废水为例,它的生化出水依次通过斜板沉淀、多介质过滤、超滤及反渗透,最后将清水回用到造纸车间,其具体工艺流程如图5.13所示。在反渗透膜系统之前,通过超滤膜系统对预处理后的水进行进一步的处理,可以使反渗透膜系统进水的膜污染指数(SDI)低于3,大大地延长了反渗透膜的清洗周期,进而达到了延长其使用寿命的目的。另外,在超滤膜的前面,还安装了一个多层的滤网,可以将从斜板沉池中排出大量的悬浮物质,然后再将这些悬浮物质送到膜处理系统中。

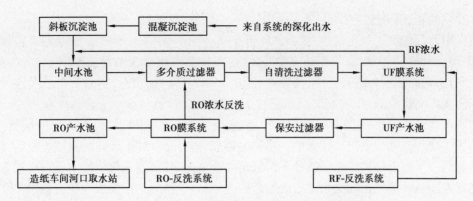

图 5.13 UF+RO 双膜法工艺处理造纸废水的流程图

（3）重金属废水

重金属是指诸如铜、铅、锌等相对密度大于或等于 5 的金属。重金属是一种很难被生物降解的物质，当其含量超出某一范围时，就会对人类和动植物造成严重的伤害。工业和农业废水，城镇生活污水和各类矿山废水是土壤中重金属的重要来源。当前，对重金属废水进行处理的方法有：化学沉淀法、生物法、离子交换法、电解法以及物理吸附法等。然而，这些技术在实际应用中均面临着一些问题，如工艺周期长、成本高、废渣多、产生二次污染、处理条件苛刻、处理能力有限等。随着国家环保要求的逐步提升，人们也越来越倾向于采用膜法来处理污水。

利用胶团增强的超滤膜（MEUF）可以有效地去除重金属离子。图 5.14 介绍了一种新型的微粒增强超滤方法，即在工业废水中注入浓度高于临界胶束浓度的表面活性剂，其疏水端向内缠结，而带负电的亲水端排列在表面，因而使得该胶束表面带有负电荷。废水中的金属阳离子由于静电作用而吸附在上面，采用截留分子量小于胶束分子量的超滤膜，则可使金属离子被截留。

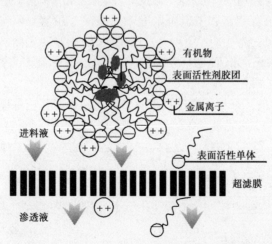

图 5.14 MEUF 去除高价金属离子的原理图

（4）含油、脱脂废水

含油脂的污水是一种非常普遍的污水，例如，在钢铁业中的炼焦污水，在金属切割、磨削中的润滑油污水；炼油厂污水处理系统中的含油废水，在海洋船舶中的含油废水（如机械泄漏、船底泄漏、油槽泄漏等），在金属表面进行脱油剂的除油废水等。对含油污水进行处理，主要是为了脱除油脂、COD 和 BOD。

废水中油品比重一般比水小,多以 3 种形态赋存:第一种是悬浮状态,即油品颗粒较大,油珠直径≥0.1 mm,漂浮水面,易于从水中分离,这类油品占废水含油量的 60% ~80% ;第二种是乳化状态,即油品的分散粒径小,油珠直径<0.1 mm,呈乳化状态,不易从水中上浮分离,这类油品占废水油含量的 10% ~15% ;第三种是溶解状态,即石油在水中溶解度极小,溶于水的油品占废水含油量的 0 ~0.5% 。通过机械分选、凝结沉降等方法,可以对乳化的油品进行分离。用膜法处理乳化油是比较有效的。用超滤处理乳化油废水时,乳化的油被膜截住,而水和可溶性的低分子则透过超滤膜。各种不同乳化油废水的来源,使乳化油的水质组成复杂,而且变化非常大。对一种乳化油废水适用的工艺操作,对另一种乳化油废水往往不适用。

用超滤和反渗透组合处理乳化油废水的工艺流程如图 5.15 所示。由于组合了反渗透,所以流程较为复杂,既增加了操作难度,又提高了成本。目前,用超滤或微滤处理各种含油废水的开发仍在进行,分离效率问题已经基本解决,但是膜的污染和清洗的过程是技术难关,还需要进一步研究。

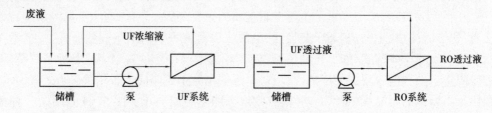

图 5.15   UF+RO 双膜法处理乳化油废水流程

(5)印染废水

我国是世界上最大的纺织印染生产国家之一,其印染废水的排放量约占我国全部工业污水排放量的 35% ,由于其 COD 高、色度高、盐度高、组分复杂、水质水量变化剧烈,采用常规工艺难以满足其排放标准。反渗透膜不但可以有效地去除有机物、降低 COD,而且还拥有非常好的脱盐效果,可以一步完成废水中 COD、色、盐的脱除,出水质量高,还可以直接回用于印染环节。与此同时,其废水还可以回流到常规工序进行处理,达到废水零排放和清洁生产的目的,从而推动企业可持续发展。

图 5.15 所示为某印染厂采用反渗透技术对其污水站出水进行深度处理,并将反渗透的产水回用于该厂印染过程的工艺流程。

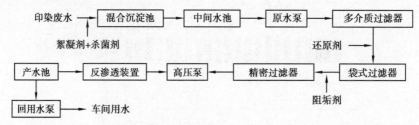

图 5.15   印染废水的水处理工艺流程

无机膜因其具有耐热、耐酸、碱性等特点,在造纸、纺织等工业中具有独特的优势,但因其成本高、排放标准低等缺点,导致其在很多领域中,虽然技术上可行,但实际应用中很难实现。

3)城镇生活污水的深度处理

我国从 20 世纪 60 年代就开始了对城镇生活污水的深度处理与回用。城镇生活污水总量大、浓度高、水质稳定,是一种可再生能源。城镇生活污水的深度处理利用了生活垃圾的二、三级废水,并在一定程度上可作为工业用水。然而,由于其所含的石灰石及盐分易造成腐蚀,会造成资源利用效率较低。为克服以上缺点,利用反渗透的方法对其进行了 3 次处理,又称深度处理。结果表明,该工艺能够有效去除二次水质中的溶盐,使二次水质中的溶盐去除率超过95%,RO 出水回收率超过 70%。为了稳定膜的透水量,必须定期向水中添加硼酸钠、EDTA 或胰酶(trypsin)溶液。

传统的生化/化学氧化联合处理城市污水,存在着氧化剂消耗大、残留多等问题。在两者之间加上纳滤的环节,让可被微生物分解掉的小分子通过($M_w<100$),而截留住不能被微生物分解的大分子($M_w>100$),经过化学氧化器后,再进行生物分解,这样就可以将生物分解作用发挥到最大,节约氧化剂或活性炭用量,降低最残留物(图 5.16)。

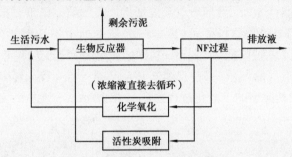

图 5.16　生活污水 NF 法分级处理

国外从 20 世纪 70 年代就开始研究膜分离法处理高层建筑生活废水。日本某高层建筑在1979 年建成了一个用超滤处理废水的装置,可日处理 300 t 废水,水回收率为 50%。回收的水用于厕所冲刷和冷却塔补充水。也有用反渗透回收高层建筑生活废水的方法,其工艺流程如图 5.17 所示。

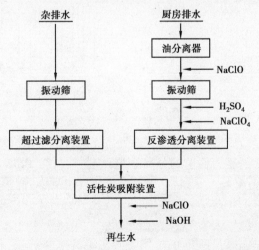

图 5.17　高层建筑排水处理工艺流程

5.3.2 在石化工业中的应用

膜分离技术在石化领域中的应用还处于起步阶段,当前应用范围主要是氢气分离、天然气去湿、空气分离、有机蒸气的净化和回收、有机溶剂和混合溶剂的脱水、有机混合物的分离、酯化反应的强化及其他化学反应过程中循环溶剂的脱水、废水处理及溶剂回收等。

1)氢气的分离和回收

在石化行业中,对氢的制取和处理一直是制约我国柴油生产技术发展的瓶颈。从炼厂气、催化重整后气、加氢精炼尾气、加氢裂化尾气及催化裂化(FCC)干气中提取氢气,是当前石化行业生产氢气的重要方法。

从合成氨中提取出氢,氨的合成由于受化学平衡的限制,其转化率只有 1/3 左右,为了增加回收率,需要将未反应完的气体再回收。但是,在循环系统中,一些没有参与反应的惰性气体将逐步积累,使转化效率下降。目前可通过排放一定量的循环气来降低惰性气体的含量。但循环气中氢的含量高达 50%,故回收氢是降低生产成本的一条重要途径。

Prism 是一种采用美国蒙桑托公司(Monsanto)制造的中空纤维复合薄膜(该薄膜在聚碱型中空纤维多孔载体外表面包裹一层硅胶)制作的氨氢分离器,该薄膜自 1979 年开始应用于合成氨弛放气体中的氢气的回收,目前已经扩展到了数十个装置,其中大多数是日产量超过 1000 t 的合成氨工厂,其典型的工业化过程如图 5.18 所示。

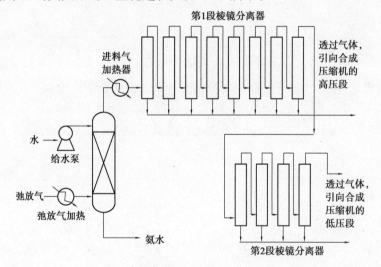

图 5.18　合成氨弛放气中回收氢气的流程图

为克服原料气体中的杂质对膜的干扰,原料气体先通过诸如水洗塔及氨等的预处理,再将原料气体以 13.5 ~ 14 MPa 的压力输送到分离系统。在一、二级 Prism 分选机中,采用了不同的压差进行氢气回收。在此基础上,再将其引入综合压气机的中、低压部分,再进行循环。

2)工业气体膜法

天然气、气动仪表的保护气体等,通常都需要将它们中的水蒸气除去才能满足输送和使用的需要。相对于传统的化学吸附、物理吸附、低温吸附等方法,该方法不需要添加任何添加剂,不需要再生,不会产生二次污染,操作简单,组装简单,尺度灵活,占地面积小,可通过调节膜面积和过程参数,实现对废水处理量的自适应。研究结果表明,采用该方法可使原来的乙二醇去湿润设备的运行成本降低 85% ,而且占地面积明显减小。

20 世纪 80 年代以来,Grace 等国外大型企业已成功研制出用于气体去湿润的膜分离设备。我国大连化学研究所于 1998 年在陕西长庆气田,采用自行开发的膜分离装置,对该装置进行了膜法除湿的工业化实验,该方法具有每年 120 万 cm^3 的处理能力,实现了 -13 ~ 8 ℃ (4.6 MPa)的连续生产,甲烷燃烧回收率 >98% ,这为我国天然气膜提纯技术的产业化奠定了坚实的基础。

3)空气分离

膜法富氧过程是利用组分在高分子膜上的透过速率不同,采用压力差来富集组分,进而获得富氧的过程。膜法富氧与低温、变压吸附相比,具有装置简单、操作简便、安全、快速、可调、无污染、低成本、适用范围广等特点。

美国芝加哥的精炼厂首次进行了富氧水回收的工业化实验。结果显示:随着主气流中富氧浓度的增加,全车间的温度差呈减小的趋势,大气中的 CO_2/CO 含量没有明显的改变。A/G 科技公司新近研制出的一种新型富氧设备,能够日产率达 10 t,占 35% 的富氧空气。

随着冶金、化肥及国防等工业的发展,从节能角度出发,富氧空气的需求量与日俱增。目前,工业上常用的富氧空气,其含量多半在 35% 以下。为了生产上的需要,美国 GE 公司研制并使用了一种类型为 P.11 的有机薄膜(具有 57% 的硅氧烷和 43% 的碳酸酯, $\alpha = 2.3$)的富氧系统。首先,将 P.11 超薄膜化为平面薄膜,再将其贴合到某些孔径为 0.025 ~ 0.2 μm 的微孔薄膜(如 Milipore VSWP)上。

日本松下电器和大阪瓦斯公司联合研制了一套以多聚硅氧烷为燃料的富氧氧化工艺,其结构类似于 GE 公司的平膜法,设备总投资为 2 000 日元,氧气浓度为 28% ,富氧气浓度为 450 m^3/h ,燃烧量为 2508 kJ/h,耗电量为 30 kW·h,可使炉膛内氧气浓度提高(从 23% 提高至 31%),从而改善炉膛内的燃烧性能。与使用普通空气相比,可节约燃料 30% ~ 50% ,在钢铁冶炼中采用富氧空气(35%),除具节能效果外,还可免除采用普通空气燃烧时的 3% 的铁损失。

通过多年的不懈努力,我国相关的富氧技术、设备等都已经比较成熟,并且均获得了国家发明专利。在应用方面,迄今已推广 20 余家,包括燃油、燃煤和燃气窑炉,社会效益和经济效益十分显著,平均节能率为 11.8% ,产量为 10.2% ,同时,该工艺的生产效率和使用年限与之前的工艺相比均有所提高。

5.3.3　在食品工业中的应用

食品工业与其他行业的生产方式存在着明显差异,因为食品工业对食品安全的要求更高。在食品加工时,应最大限度保留原食材的营养物质,降低加工过程的不利影响。由于膜材料和分离技术具有常温操作、无相变反应和低能耗等优点,因此被广泛应用于食品工业。

1)乳制品加工

传统的乳清浓缩方法,如蒸发和干燥,其目的仅是去除部分水以减少体积和更好地保存,而并没有回收其有价值的成分。此外,采用高温的方法会导致蛋白质变性、颜色变化、风味和营养损失。膜分离技术可进行冷灭菌,可以最大限度地保留营养,已经应用于乳清的加工中,用于分离、浓缩、分离或去除单个成分,例如蛋白质、水解蛋白质、乳糖、矿物质和脂质。

常规的牛奶浓缩制奶粉工艺通常包括以下步骤:

①对牛奶进行加热,除去牛奶中的大部分水。

②蒸发浓缩至所需浓度。

③进行喷雾干燥。

采用膜分离法后,可以先通过超滤技术去除大量水,剩余的水可通过蒸发浓缩至喷雾干燥所需浓度,最后再采用喷雾干燥获得奶粉。这一流程可节约能耗,有利于国家双碳政策。表5.5是日本一家对日处理量226.8 t的乳制品厂,采用超滤技术,可大大减少生产成本和设备成本。

表 5.5　牛奶浓缩引入超滤技术后与单用真空蒸发的对比

浓缩方式	装置费用/万日元	年运转费用/万日元
单一的二级真空蒸发	8 450	3 240
引入超滤技术	4 500	1 440

原乳分离出干酪蛋白,剩余的是干酪乳清。它含有约7%的固形物、0.7%的蛋白质、5%的乳糖,以及少量灰分、乳酸等。将干酪乳清用加热方法浓缩、干燥,即得到全干乳清或乳清蛋白粉。由于在这种全干乳清中含有大量的乳糖和灰分,而限制了它在食品中的应用。引入超滤和反渗透技术,可以在浓缩乳清蛋白的同时,从膜的透过液中除掉乳糖和灰分等。用超滤法回收其中的蛋白质,可使蛋白质含量从3%增加到50%及以上,甚至高达80%。

原乳液经过分离可得到干酪蛋白和干酪乳清。其中,干酪乳清进行蒸发浓缩及干燥,可以获得全干乳清或者乳清蛋白粉。然而,全干乳清在应用过程中受到限制,因为其中存在较多的乳糖和灰分。不过乳糖和灰分等杂质可通过膜分离技术去除,同时可将乳清蛋白进行浓缩。国外某些厂家用反渗透处理子酪制造中产生的乳清,即直接用反渗透处理,浓缩后再干燥成乳粉,这样可使全干乳清应用变得更广泛。图5.19是采用超滤和反渗透回收干酪乳清的典型工艺流程图。

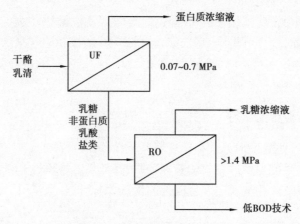

图5.19　采用超滤和反渗透回收干酪乳清的典型工艺流程图

在制作软干酪的过程中,将脱脂乳进行超滤浓缩操作,从而除去水分和部分小分子物质,再将其凝固成型,这样就可以得到软干酪,该法的蛋白质回收率高,工艺能耗低,可减少一半的凝乳酶损失。图5.20所示为带超滤的奶酪生产新工艺流程图。

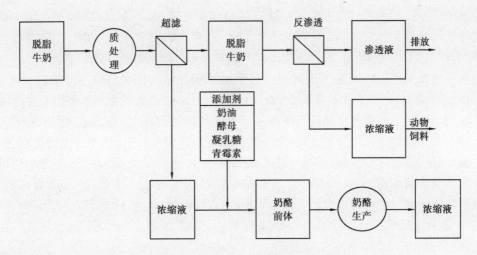

图 5.20　带超滤的奶酪生产新工艺流程图

将膜分离引入乳制品加工工艺中,可提高产品品质、节约能耗,同时使乳制品的种类更丰富。国外已经在乳品加工中引入了膜分离技术,并且还在不断改进技术、扩大生产范围。随着生活水平的不断提高,人们对乳制品必然会提出更高要求,其应用市场非常有前景。

2)酒类生产

膜分离在酒类生产中的应用,最先是在 20 世纪 60 年代末从啤酒开始的。到 20 世纪 80 年代中期,在其他酒类生产中应用膜分离逐渐受到重视。通过广泛试验,到了 80 年代末,开始在其他酒类生产中陆续推广。

总的来说,膜分离技术与传统技术相比具有显著优势,包括能够分离分子和微生物、对产品的热影响较低、能耗适中以及模块化设计。这些过滤技术可用于啤酒生产的不同阶段,包括原水处理、酿造过程和废水/流出物处理。微滤是啤酒工业中应用最广泛的膜分离过程之一,因为大多数与啤酒直接相关的操作都涉及固液分离。同时,膜分离技术的中超滤、反渗透、透析、渗透蒸发和气体分离等技术正在研究或已经在啤酒工业的其他操作中使用。

传统啤酒是由发芽的大麦、水和啤酒花制成的。尽管在加工中使用了其他谷物和未发芽的谷物,但发芽的大麦仍是使用的主要谷物,因为除了具有能够形成滤床的外壳之外,这种谷物的淀粉和酶含量高,这些酶可将淀粉降解为酵母可发酵的糖。啤酒花通过各种物质增加了啤酒的风味,增加了啤酒的苦味,平衡了甜味。啤酒酿造过程有一系列步骤,主要目的是将淀粉源转化被为称为麦芽汁或提取物的含糖液体,然后通过酵母发酵将这种糖转化为酒精。这些步骤包括在糖化、煮沸、发酵和成熟过程中发生的化学和生物化学反应,以及麦芽汁分离、麦芽汁澄清和最终啤酒澄清的固液分离阶段。啤酒的传统生产技术和错流过滤技术的工艺流程对比如图 5.21 所示。

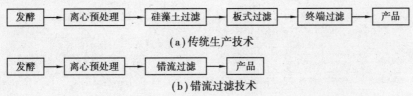

图 5.21　啤酒过滤流程对比

传统的啤酒巴氏杀菌过程中能完全除去酵母和微生物,但不能保证100%无菌。而且较高温度的巴氏杀菌会损失啤酒中的有机芳香物质,影响啤酒的质量和口味。用微滤技术澄清啤酒、除去细菌,不需要加热。所以生产的啤酒质量高、口味佳,且成本便宜。

用反渗透技术还可以制造低度啤酒或将啤酒浓缩。可以把啤酒中的酒精含量从3.5%(质量分数)降低到0.1%(丹麦DDS公司已有几十台反渗透装置售出用于制造低度啤酒);也可用反渗透复合膜浓缩啤酒。微滤技术还可用于回收啤酒釜底的发酵残液,使啤酒产量增加。

在啤酒生产过程中,虽然巴氏杀菌法可以去除酵母和微生物,但达不到无菌的程度,并且高温会破坏有机芳香物质,从而影响啤酒的品质和口感。相比之下,微滤技术在澄清啤酒和去除细菌之外还无需加热,生产成本更低。此外,反渗透技术也可以用于生产低度数啤酒,从而实现酒精含量的调控。微滤技术还可以用于回收啤酒的发酵残液,增加啤酒的产量等。

此外,膜技术还广泛应用于其他酒类,如葡萄酒、清酒、黄酒、白酒、香槟等。主要应用方面有两类:

①除菌:通过微滤膜实现生产的无菌化。

②除杂:利用超滤膜将酒类中残留的酵母、杂菌和胶体等杂质去除。

3)果汁加工

膜分离技术主要应用于果蔬汁的浓缩、澄清、过滤和无菌化等方面。利用反渗透、超滤等方法对果蔬汁进行浓缩。在饮料生产工艺中,采取板式超滤器等方式,可以去除果蔬汁中的杂质,从而无须添加防腐剂就可以延长保质期,提高产品质量。

(1)在苹果汁加工中的应用

采用常规的乙酸纤维素膜进行反渗透,可获得高品质的25 Brix浓度的苹果汁。并且,维生素C、氨基酸等营养物质和香气物质的流失明显小于真空蒸馏法。在此基础上,采用高、低脱盐率复合膜进行反渗透,可得到40~45 Brix的高纯度苹果汁。

(2)在橙汁加工中的应用

采用膜分离技术获得高品质橙汁,是一种较为成熟的工艺。美国杜邦公司于1980年左右推出了一种4.5 t/h除水的反渗橙汁浓缩设备。在10.5~14.0 MPa下,采用中空纤维反向渗透装置,可以制作出45 Brix的橙汁。在通氨气和温度低于10 ℃的情况下,可使含糖量达到55 Brix。用于生产无菌浓缩橘子汁的工艺过程如图5.22所示。

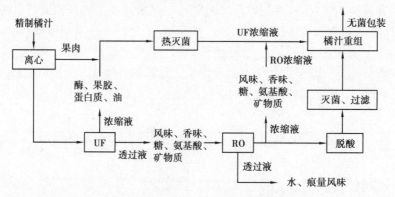

图5.22 橘汁的UF和RO过程简化流程图

(3)在山楂汁加工中的应用

山楂是我国一种特有的水果,果胶含量高且色素(花青素)的热稳定性较差,常规生产工艺存在一定问题。为此,我国研究人员成功地利用反渗透和超滤技术开发了山楂加工新工艺(图 5.23),并于 1997 年开始投入工业化,每日可处理 22 t 山楂。该工艺可提取出 3% 的果胶干粉和约 40% 的 20 Brix 山楂浓缩汁。相比于传统的先醇沉淀脱水和后真空干燥的果胶生产工艺以及蒸发浓缩果汁的工艺,该工艺不仅降低了生产成本,而且提高了产品的产量和质量。利用膜工艺生产的山楂加工产品已经出口到美国、日本等国。

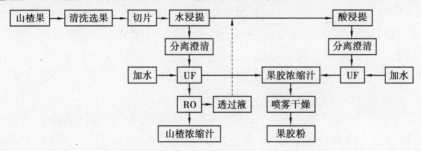

图 5.23　膜技术生产山楂汁的工艺流程简图

　　膜分离法浓缩果汁是一种保持果汁风味和营养成分的好方法。尽管膜浓缩工艺在工业化生产中存在一些问题,但随着果汁市场的不断扩大和对产品质量要求的提高,膜分离法浓缩果汁的应用将更加广泛。

　　4)油脂加工

　　随着人民生活水平的提高,对食物品种和质量的要求也不断提高。大豆蛋白的生产已经形成产业。传统的大豆蛋白生产技术采用醇法和酸碱法,但现有的合成方法存在着产物收率不高、过程烦琐、废水排放等问题。

　　目前,美国等国家已经开始应用膜分离技术加工油脂产品。膜分离技术由于其无相变、能耗低、工艺设备简单、操作方便可靠、分离效果好等优点,近年来在饮料、乳品、大豆分离蛋白等生产中被广泛应用。将超过滤技术应用于大豆分离蛋白的制备,不但能彻底地改变传统的碱溶解酸水浸取方法,而且能显著地改善其质量。

　　我国大豆资源丰富,但目前的生产工艺仍比较落后,且产量少,仅约 5 000 t/年。近几年也兴建了几个膜法生产大豆蛋白的生产线,但设备配套问题,特别是膜的污染问题尚未能得到很好解决。据报道,目前已完成了日产大豆蛋白 500 kg 中试生产线的设计和建设,取得了重大进展。其工艺流程如图 5.24 所示。

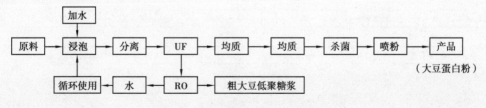

图 5.24　我国大豆蛋白生产流程简图

　　5)其他食品工艺

　　随着膜分离技术的发展,UF、RO 技术的应用越来越广,这些技术不仅应用到上述的食品加工工艺中,在其他的食品加工工艺中也有所体现,如酶制剂的提纯浓缩、食品添加剂的分离制备、淀粉加工业、制糖行业、蛋白质的分离纯化等多方面。

　　膜分离法可用于制糖工业的糖汁提纯、浓缩、淡化、废糖蜜处理。糖业是高能耗行业,其碳酸化澄清过程烦琐、装置多、成本高,采用蒸馏浓缩糖汁,能耗巨大,且伴随着糖类的热分解。而采用膜分离强化过程可以降低能耗、简化流程、降低操作费用、提高产物收率。除了蔗糖,从甜菜或甘蔗中流出的糖,还含有许多诸如多糖、木质素、蛋白质、淀粉、胶质和其他黏稠物质,由于它们在结晶过程中产生色素或气味,降低了收率,这些杂质特别是灰分污染了糖的结晶。运用超滤膜分离法可去除渗出汁中的灰分等杂质,同时用反渗透法进行浓缩。

蛋白是一种重要的生物活性物质,对人体的生命活动起着至关重要的作用,并被广泛用于医药、食品等领域。蛋白质有很多特殊的功能特性,例如对机体的代谢有一定的调节作用,并对机体的健康有一定的影响。在此基础上,通过对其进行功能化处理,可制备出多种功能性食品。随着蛋白质与人体生命活动的紧密联系,人们对蛋白质的品质、纯度等都提出了更高的要求。

蛋白质常存在于复杂的混合体系中,由于其是一个对温度、pH 值、剪切等环境十分敏感的复杂混合物,所以在分离和纯化过程中,需要对上述环境和条件进行合理调控。传统的沉淀、离心、萃取、离子交换、层析等分离技术,不仅流程烦琐,且生产成本高达 50% 以上。膜分离技术由于其设备简单、常温操作、不存在相变和化学变化、选择性高、能耗低等优势,已成为一种高效的蛋白质富集和分离提纯方法。选择合适的膜材料,调节膜的运行参数和运行方式,可以达到对蛋白的富集、分离和提纯的目的。

5.3.4 在医学和药物中的应用

1)医用纯水的制备

输液剂是一种供静脉滴注用的大体积的注射剂,其主要目的是补充和调节患者体内水、电解质和酸碱平衡。然而,水中的热原物质如悬浮物、盐类、微生物、内毒素等经常会引起感染,特别是内毒素,一种存在于细菌细胞壁的脂多糖类物质,如果被注射到人体内,可能引发发热反应、发冷、恶心呕吐甚至休克。因此,纯化和制备医用水非常重要。

1997 年,华阳河制药厂引进了无锡市超滤设备制造厂的 NUF-6000 型中空纤维超滤机,切割分子量为 6 000 Da,将其应用于配制注射机后,出水质量达到了很高的水平。图 5.25 所示为改用中空超滤膜应用于医用纯水的制备工艺路线与传统的制备路线的流程对比图。

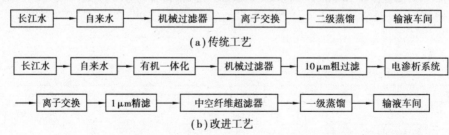

图 5.25 医用纯水制备工艺流程对比

(1)水质对比

传统工艺去除热原主要依靠蒸馏的方法,尽管这种方法能够将注入水提纯至低于 0.25 EU/mL,并除去或摧毁其中的热原,但在提取蒸馏水时,热原也会随蒸馏水中的颗粒进入蒸馏水,导致产物水质不稳定,收率降低。应用 NUF-6000 型中空纤维超滤器后,水质变好,产品稳定。为提高原水的净化程度,流程中增设了 IWSE 有机一体化净水设备,使机械过滤器的反冲次数明显减少,同时中空纤维超滤器性能稳定。此外为了减少离子交换再生次数,使原水电导率更稳定,在原工艺中还增设了电渗析器,不仅水质可靠,而且操作费用较低。

(2)经济对比

原工艺流程尽管一次性投资少,但其运营费用较高,操作较烦琐,产出水质不稳定,效率低,从而造成了成本的上升,造成了资源、人工的浪费,使经济效益显著降低。应用新技术后可延长离子的再生时间,二次精馏过程变成一次精馏过程,操作成本降低了一半,产品的收率大大提高。

2)透析法用于人工肾

人工肾主要由透析器本体、透析液供输装置及控制、监督透析条件的监控器 3 个部分组成(图 5.26)。

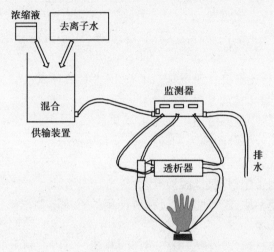

图 5.26 人工肾的构成

人造肾的特别使用方法:先将带导管的针插入患者的动脉,并将其连接到患者的肾脏,让血液通过透析器,再回到患者的静脉(图 5.27)。一般情况下,一次透析需要 100 ~ 200 L 的透析液。透析液是通过透析液供输装置输入人体并由监控器进行监控。监控器的主要任务是确定透析液的液温、浓度、流量、血液循环的内压等,并进行监测控制,一旦出现异常将会发出警报。

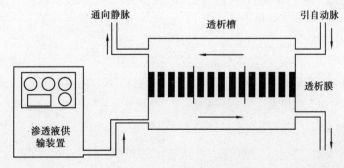

图 5.27 人工肾工作示意图

血液透析器的作用是利用透析膜相隔的血液和透析液中各组分之间的浓度差所引起的扩散,去除血液中的废物和有害杂质。通常情况下,在经过 3.6 h 的透析后,患者的血液就会被净化到正常的水平。

透析膜是透析器的主要构成部分,理想透析膜应具有以下特点:

①透析膜应尽可能薄,以获得高的通量。

②在膜表面及膜内的孔空隙率应具有尽可能高的膜通量。

③孔径不应超过一定的值,以降低较大分子的泄漏。

④孔径分布应尽可能窄,以获得好的切割分子量分布,希望对小分子溶质具有高清除率,能截留相对分子质量大于 35 000 的物质,如血液中的白蛋白、红细胞以及透析液中的细菌和病毒等。

⑤膜的结构应保证能承受一定的机械强度,至少能耐 66.7 kPa 的压强。

⑥膜应有良好的血液相容性,对蛋白质无特异吸附。

⑦能耐蒸汽消毒或消毒剂浸泡。

⑧所有的材料必须是化学性质稳定,无毒、无抗原性,不激活补给系统及凝血系统、无致热原。

⑨透析器的封装材料还不能含亚甲基二苯胺,不会释放环氧乙烷。

3)超滤技术在药物研究中的应用

膜分离技术在药物研究中的应用主要在 4 个方面:

①分离纯化,降低药效成分的损失,有效去除非药效成分。

②浓缩,提高药效成分浓度,减少剂量。

③制剂生产,包括制备注射液、口服液等。

④有机溶剂回收,使萃取或其他分离过程所使用的有机溶剂能够循环利用,节约资源,保护环境。

近年来,超滤膜技术已被广泛用于中药制剂的制备。可以配制中药注射剂,也可以配制中药口服液,还可以配制中药浸膏。超滤技术不但能够高效地对中药的有效部位和活性成分进行提取,还能够有效地消除热原,确保药物的品质,极大地提升了药物的稳定性和生物利用度。需要指出的是,膜分离应用在药物研究中需要注意膜的选择和药物的预处理以及膜的再生。

①膜的选择。膜是膜分离过程的核心,膜性能的好坏直接关系到膜分离过程和效率的高低。可采用抗污性较好的膜材料,如聚丙烯腈、磺化聚砜等。

②药物的预处理。因中药成分中含有较多的胶体,使用超滤技术时会造成膜的污染,降低膜的使用寿命。因此,对其进行常用的预处理,如絮凝沉淀、压滤或者离心分离、微孔滤膜预处理等,以保证其分离效率。

③膜的再生。膜的再生是指在膜分离过程中,通过清洗和处理来恢复膜的分离性能。这是因为在使用过程中,膜可能会因为堵塞或污染而失去效率。再生过程通常涉及化学清洗、物理冲洗或两者的结合,以去除膜上的积聚物质。

思考题与课后习题

1. 常规膜分离技术主要有哪些? 分别有什么特征?

2. 简述新型膜分离技术的发展情况。

3. 净水器中用到了哪些膜分离技术,其工作原理是怎样的?

4. 简述膜分离技术在水处理中的应用。

5. 简述膜分离技术在石化工业中的应用。

6. 简述膜分离技术在食品工业中的应用。

7. 简述膜分离技术在生物医药中的应用。

参考文献

[1] 孙福强,崔英德,刘永,等. 膜分离技术及其应用研究进展[J]. 化工科技,2002,10(4): 58-63.

[2] KAROUSOS D S,QADIR D,SAPALIDIS A A,et al. Polymeric,metallic and carbon membranes for hydrogen separation:A review[J]. Gas Science and Engineering,2023,120:205167.

[3] IZUMI K,MORIHISA Y,RYOTARO T,et al. Process intensification in bio-ethanol production-recent developments in membrane separation[J]. Processes,2021,9(6):1028.

[4] 洪伟鸣. 生物分离与纯化技术[M]. 重庆:重庆大学出版社,2015.

[5] GUL A,HRUZA J,YALCINKAYA F. Fouling and chemical cleaning of microfiltration membranes:A mini-review[J]. Polymers,2021,13(6):846.

[6] 徐德志,相波,邵建颖,等. 膜技术在工业废水处理中的应用研究进展[J]. 工业水处理, 2006,26(4):1-4.

[7] WANG W,WEI Y Y,FAN J,et al. Recent progress of two-dimensional nanosheet membranes and composite membranes for separation applications[J]. Frontiers of Chemical Science and Engineering,2021,15(4):793-819.

[8] 蔺爱国,刘培勇,刘刚,等. 膜分离技术在油田含油污水处理中的应用研究进展[J]. 工业水处理,2006,26(1):5-8.

[9] 王晓琳. 纳滤膜分离机理及其应用研究进展[J]. 化学通报,2001,64(2):86-90.

[10] 周金盛,陈观文. 纳滤膜技术的研究进展[J]. 膜科学与技术,1999,19(4):1-11.

[11] 王湛,王志,高学理,等. 膜分离技术基础[M]. 3 版. 北京:化学工业出版社,2019.

[12] 吕德鹏,杨玥. 膜分离技术在生物制药中的应用[J]. 山西化工,2022,42(5):25-28.

[13] 邱晓曼,张耀,陈程鹏,等. 膜分离技术及其在发酵调味品行业的应用[J]. 中国调味品, 2021,46(3):166-170.

[14] DING J C,QU S K,LV E M,et al. Mini review of biodiesel by integrated membrane separation technologies that enhanced esterification/transesterification[J]. ENERGY & FUELS,2020,34 (12):15614-15633.

[15] BASU S,MUKHERJEE S,KAUSHIK A,et al. Integrated treatment of molasses distillery wastewater using microfiltration (MF)[J]. Journal of Environmental Management,2015,158: 55-60.

[16] RAI U K,MUTHUKRISHNAN M,GUHA B K. Tertiary treatment of distillery wastewater by nanofiltration[J]. Desalination,2008,230(1/2/3):70-78.

[17] SHE Q H,WANG R,FANE A G,et al. Membrane fouling in osmotically driven membrane processes:A review[J]. Journal of Membrane Science,2016,499:201-233.

[18] 郎超,朱若华,邹洪,等.分离科学的前沿:膜分离技术[J].化学教育,2000(12):3-5.

[19] 刘玉川,严思明,余宗学.简述膜分离技术与膜的改性[J].山东化工,2021,50(7):81-82.

[20] 史宇涛.常规膜分离技术特点浅析[J].山东工业技术,2017(24):54.

[21] MOTSA M M,MAMBA B B,VERLIEFDE A R D. Combined colloidal and organic fouling of FO membranes:The influence of foulant-foulant interactions and ionic strength[J]. Journal of Membrane Science,2015,493:539-548.

[22] 郭浩,黄钧,周荣清,等.膜分离技术在水果加工中的研究进展[J].生物加工过程,2019,17(1):83-93.

[23] LI W,LING G Q,LEI F H,et al. Ceramic membrane fouling and cleaning during ultrafiltration of limed sugarcane juice[J]. Separation and Purification Technology,2018,190:9-24.

[24] WENTEN I G,KHOIRUDDIN. Reverse osmosis applications:Prospect and challenges[J]. Desalination,2016,391:112-125.

[25] 赵丽红,郭佳艺.膜分离技术在再生水中的应用及膜污染研究进展[J].科学技术与工程,2021,21(19):7874-7883.

[26] 陶辉,卜紫婧,陈卫,等.超滤膜技术处理地表水的运行参数优化[J].中国给水排水,2019,35(5):8-11,18.

[27] 王学军,张恒,郭玉国.膜分离领域相关标准现状与发展需求[J].膜科学与技术,2015,35(2):120-127.

[28] INABA T,HORI T,AIZAWA H,et al. Microbiomes and chemical components of feed water and membrane-attached biofilm in reverse osmosis system to treat membrane bioreactor effluents[J]. Scientific Reports,2018,8(1):16805.

[29] 朱鋆珊,马平,郭丽.膜分离技术及其应用[J].当代化工,2017,46(6):1193-1195,1199.

[30] 刘黎明,刘雅蕾,王玲玲,等.膜分离技术在加氢裂化装置低分气提浓制氢气中的应用[J].石化技术与应用,2015,33(1):45-49.

[31] CORZO B,DE LA TORRE T,SANS C,et al. Long-term evaluation of a forward osmosis-nanofiltration demonstration plant for wastewater reuse in agriculture[J]. Chemical Engineering Journal,2018,338:383-391.

[32] LY Q V,HU Y X,LI J X,et al. Characteristics and influencing factors of organic fouling in forward osmosis operation for wastewater applications:A comprehensive review[J]. Environment International,2019,129:164-184.

[33] CHEN Y F,LIU C,SETIAWAN L,et al. Enhancing pressure retarded osmosis performance with low-pressure nanofiltration pretreatment:Membrane fouling analysis and mitigation[J]. Journal of Membrane Science,2017,543:114-122.

[34] 王金秋,朱倩,郁蓓蕾,等.食品工业中膜分离技术的应用进展[J].成都大学学报(自然科学版),2017,36(3):252-256.

[35] AMBROSI A,CARDOZO N S M,TESSARO I C. Membrane separation processes for the beer industry:A review and state of the art[J]. Food and Bioprocess Technology,2014,7(4):

921-936.

［36］ZHU H P，LIU G P，JIN W Q. Recent progress in separation membranes and their fermentation coupled processes for biobutanol recovery［J］. ENERGY & FUELS，2020，34（10）：11962-11975.

［37］汪陈平，陈志元，李丹，等. 膜分离技术在保健酒生产中的应用［J］. 酿酒科技，2015（8）：67-70.

［38］孙久义. 我国膜分离技术综述［J］. 当代化工研究，2019（2）：27-28.

［39］HU Y，ZHU Y J，WANG H Y，et al. Facile preparation of superhydrophobic metal foam for durable and high efficient continuous oil-water separation［J］. Chemical Engineering Journal，2017，322：157-166.

［40］刘金瑞，林晓雪，张妍，等. 膜分离技术的研究进展［J］. 广州化工，2021，49（13）：27-29，71.

［41］ARGENTA A B，SCHEER A. Membrane separation processes applied to whey：A review［J］. Food Reviews International，2020，36：499-528.

［42］赵倩. 液膜分离技术在环境领域的应用［J］. 广东化工，2022，49（16）：108-109，123.

［43］徐子义，张仲芳. 膜分离技术在饮用水处理方面的应用［J］. 中国食品，2022（4）：147-149.

［44］成小翔，梁恒. 陶瓷膜饮用水处理技术发展与展望［J］. 哈尔滨工业大学学报，2016，48（8）：1-10.

［45］PICHARDO-ROMERO D，GARCIA-ARCE Z P，ZAVALA-RAMÍREZ A，et al. Current advances in biofouling mitigation in membranes for water treatment：An overview［J］. Processes，2020，8（2）：182.

［46］胥建美，任建波，谢春刚，等. 海水淡化耦合技术的发展应用与展望［J］. 净水技术，2021，40（S2）：46-50.

［47］AHMAD N A，GOH P S，YOGARATHINAM L T，et al. Current advances in membrane technologies for produced water desalination［J］. Desalination，2020，493：114643.

［48］段瑞旺. 液膜分离技术在医药化工中的应用［J］. 石化技术，2019，26（5）：275-276.

［49］ALSALHI A，HUWAIMEL B，ALOBAIDA A，et al. Theoretical investigations on the liquid-phase molecular separation in isolation and purification of pharmaceutical molecules from aqueous solutions via polymeric membranes［J］. Environmental Technology & Innovation，2022，28：102925.

［50］ZHANG K，WU H H，HUO H Q，et al. Recent advances in nanofiltration，reverse osmosis membranes and their applications in biomedical separation field［J］. Chinese Journal of Chemical Engineering，2022，49：76-99.

［51］袁思杰，张芮铭. 染料废水处理技术研究进展［J］. 染料与染色，2022，59（4）：55-62.

［52］ZHANG Y F，PENG S M，LI X H，et al. Design and function of lignin/silk fibroin-based multilayer water purification membranes for dye adsorption［J］. International Journal of Biological Macromolecules，2023，253：126863.

［53］MAJID P，FERIAL A，MEHRNAZ S，et al. The effects of TiO_2 nanoparticles and polydopamine on the structure，separation，and antifouling properties of PPSU membrane［J］. Separation Science and Technology,2022,57(11):1788-1799.

[54] 宋键,姚耀,过瑶瑶,等.电镀废水中氯离子去除技术研究进展[J].电镀与涂饰,2022,41(15):1111-1115.

[55] LECH M,GALA O,HELIŃSKA K,et al. Membrane separation in the nickel-contaminated wastewater treatment[J]. Waste,2023,1(2):482-496.

[56] BAI Y,GAO P,FANG R,et al. Constructing positively charged acid-resistant nanofiltration membranes via surface postgrafting for efficient removal of metal ions from electroplating rinse wastewater[J]. Separation and Purification Technology,2022,297:121500.

[57] 林晓灵.金属表面处理废水深度处理工艺研究及应用[J].皮革制作与环保科技,2022,3(15):108-111.

[58] DAS C,DE S,DASGUPTA S. Treatment of liming effluent from tannery using membrane separation processes[J]. Separation Science and Technology,2007,42(3):517-539.

[59] VIERO A F,MAZZAROLLO A C R,WADA K,et al. Removal of hardness and COD from retanning treated effluent by membrane process[J]. Desalination,2002,149(1/2/3):145-149.

[60] 易砖,朱国栋,刘洋,等.膜分离在石油化工领域中的应用:现状、挑战及机遇[J].水处理技术,2022,48(8):7-13.

[61] FAZULLIN D D,MAVRIN G V. Separation of water-oil emulsions using composite membranes with a cellulose acetate surface layer[J]. Chemical and Petroleum Engineering,2019,55(7):649-656.

[62] DEEMTER D,OLLER I,AMAT A M,et al. Advances in membrane separation of urban wastewater effluents for (pre)concentration of microcontaminants and nutrient recovery:A mini review[J]. Chemical Engineering Journal Advances,2022,11:100298.

[63] GAO R,BENETTON X D,VARIA J,et al. Membrane electrolysis for separation of cobalt from terephthalic acid industrial wastewater[J]. Hydrometallurgy,2020,191:105216.

[64] 程艳,陈文.膜技术在生物医学中的应用[J].膜科学与技术,2002,22(6):58-64.

[65] SHARMA A,PATHANIA A. Diverse practices applicable for exploring the drug binding with protein-A review[J]. Materials Today:Proceedings,2022,48:1575-1581.

[66] HUESO M,NAVARRO E,SANDOVAL D,et al. Progress in the development and challenges for the use of artificial kidneys and wearable dialysis devices[J]. Kidney Diseases,2019,5(1):3-10.

第 **6** 章
超声波化工技术

6.1 概述

    超声波(ultrasound,US)是指频率在 20 kHz ~ 10 MHz 的声波。超声波作为特殊的能量形式,与可闻声波相比,拥有能量高、方向性强、安全、清洁并且价廉的优点。由于超声波的特性,使其在介质中传递时会发生一系列效应,如用于在固体介质中搅拌、分散、破碎和加热物体;用于液体的雾化和乳化,从而促进金属的浸出和高分子物质的聚合。另外,超声波又可细分为低频超声波和高频超声波:20 ~ 100 kHz 为低频超声波;100 kHz ~ 10 MHz 为高频超声波。低频超声波也被称为功率超声,大多数通过超声波强化的化工过程中使用的超声波频率都在这个频率范围内,最典型的例子是实验室用超声进行清洁或者去污。而高频超声通常是用于医疗方面,进行诊断和治疗。如高强度聚焦超声(high intensity focused ultrasound,HIFU)可用于外科手术,以分解血块或破坏肿瘤。频率约为 1.0 MHz 的超声辐射有助于某些纳米药物的递送。由此可以看出,超声波由于其独特的特性,在化工、石油、冶金、医疗等领域被广泛应用。图 6.1 所示为超声波的部分应用领域。

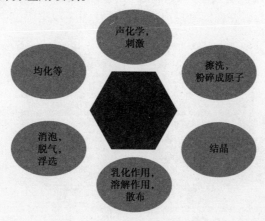

图 6.1 超声波的部分应用领域

影响超声波强化反应的因素主要有如下：

①超声波功率强度：超声波功率强度对反应进程有很大的影响,在超声波反应过程中,反应速率随着超声波功率强度的增加而增快。

②超声波频率：超声波频率同样会影响反应进程。特别是在发生空化效应的反应体系中,例如利用超声波的空化效应促进自由基生成,在该类反应中自由基的产率随着超声波频率的增加而增加。

③溶解气体的影响：溶解气体的物理化学性质会影响空化效应中空化核半径,进而影响到超声波反应的强度。

④反应温度：反应温度会通过影响表观活化能,从而直接影响到反应的终点以及反应速度,也就直接影响到超声波强化反应的效果。

6.2 超声波化工过程的基本原理

超声波已被广泛应用于化工、石油、冶金等领域。当超声波在介质中传播时,超声波与介质发生了相互作用,因此使介质发生了物理变化或化学变化,进而产生了一系列的效应。而超声波可以强化化工过程的机理,目前普遍认为有下述 3 种。

1) 热效应

超声波在介质中传播时,部分振动能量不断转化为热能而被介质吸收,从而使介质温度升高,进而可引起介质中的整体加热、边界外的局部加热和空化形成激波时波前处的局部加热,从而产生超声热效应。但当超声频率低、溶剂吸收系数小、超声作用时间短时,热效应不会很明显。

2) 机械效应

超声波通过介质传播过程中,介质质点受到超声波的作用,振动频率很高,虽然在液体介质中,质点的位移和速度不是很大,但是由于振动的加速度与振动频率平方成正比,因此质点的加速度非常大,在液体中传播时会产生很剧烈且快速的机械运动。这种机械运动会使非均相界面的接触增加,并出现涡流效应,从而增强物质的扩散和传质。机械效应作用机理图如图6.2 所示。利用这种特性,研究者们将超声波外场强化用于浸出固废中的有价金属领域。

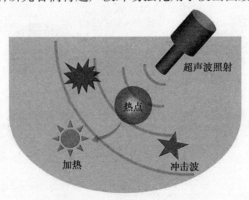

图6.2 机械效应作用机理图

3）空化效应

空化效应是指在超声波作用下液体内部空化核的振动、膨胀、压缩和崩溃闭合的过程。在超声波作用下，液体局部形成压差而产生了微小气泡，随着局部压力短时间内急剧变化，液体介质中溶解气体所形成的微小气泡在极短时间内破裂，瞬间在局部产生超过 5 000 K 的高温以及超过 $5 \times 10^7 Pa$ 的高压，因此在液体介质局部营造出一种高温高压的化学反应氛围，对动力学和热力学均有很大的促进作用。图 6.3 所示为空化效应作用机理图。这种高温高压所带来的能量足以断开结合力强的化学键，例如会使水中的水分子发生反应，生产强还原性的·H 自由基和强氧化性的·O 自由基。同时，在空化过程中还形成了一种既不同于气态也不同于液态和固态的新的流体态——超临界态水（supercritical water, SCW），SCW 具有低的介电常数（常温常压下同极性有机溶剂相似）、高的扩散性和快的传播能力，是一种理想的反应介质，有利于大多数化学反应速率的增加。一般认为在水中超声辐照过程中超临界水将提供另一相化学反应。因此，超声降解水中有机物有 3 种主要途径：自由基氧化、高温热解和超临界水氧化。利用这种特性，超声波强化在氧化、还原、聚合、降解等有机化学反应，以及氧化性矿物浮选和浸出等方面应用广泛。

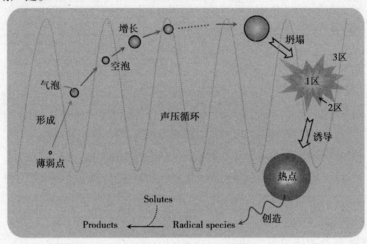

图 6.3 空化效应作用机理图

虽然目前学界认为超声波机理是热效应、机械效应以及空化效应 3 种机理，但是在反应过程中，往往是上述 2 种或 3 种原理都影响反应进程，因此这 3 种机理并不是割裂独立的，需要对具体的体系进行具体分析。

6.3 超声波化学反应技术

6.3.1 概述

超声技术出现于 20 世纪初，近一个世纪的发展表明，超声是声学发展中最为活跃的一部分。超声波作为信息载体，已在海洋探查与开发、无损伤评价与探测、医学诊断及微电子学等领域发挥着不可取代的独特作用；与此同时作为一种能量形式，通过它（它引起的超声空化）

与媒质相互作用而产生的种种效应,已在物理、化学、生物及其他等基础研究和应用技术开发中展示出十分广阔的前景。超声技术应用于化学、化工领域形成了声化学,早在20世纪20年代,美国的Richard等人首先研究了超声波对各种液体、固体和溶液的作用,发现超声波可以加速化学反应。由于当时的超声技术水平较低,研究和应用受到了很大的影响和限制。到了20世纪80年代中期,随着超声功率设备的普及和发展,为超声波在化学、化工过程中的应用提供了重要的条件,也使沉默了近半个多世纪的这一领域的研究工作又重新开展了起来。1986年4月在英国召开了首次国际超声化学会议。此后,欧美等国家相继召开了多次声化学研讨会,对声化学的机理和应用作了较为详细的学术研究,并发表了一系列有价值的学术论文和专著。我国在这方面的研究起步较晚,大量的研究报道在20世纪90年代以后。

到21世纪,超声的应用领域已非常广泛,其应用较多的领域主要包括水处理、污泥处理、化工产物提取以及强化化学品合成中物质的分散,图6.4所示为超声在化学领域的主要应用分布简图。

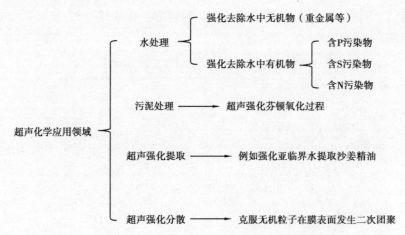

图6.4　超声在化学领域的主要应用分布

6.3.2　超声波对重金属反应的强化

重金属是指原子序数在21~83的金属或相对密度大于或等于5的金属,重金属不能被微生物分解,却可能在生物体内富集,从而对人类或生态环境造成伤害。重金属是污泥中主要的有毒有害物质,污泥中的重金属主要有汞(Hg),镉(Cd),铅(Pb),铬(Cr),砷(As),锌(Zn),铜(Cu),镍(Ni),锡(Sn),铁(Fe),锰(Mn)等。污泥中常含有一些有毒、有害的重金属元素,若将其农用则会使重金属元素在土壤中发生累积,并经食物链的富集和传递对人体健康产生危害。重金属由于具有难迁移、易富集、危害大等特点,一直是限制污泥农业利用的最主要因素之一。杨倩倩等以哈尔滨太平污水处理厂的压滤间污泥为研究对象,对移除其中的6种重金属的化学方法及其影响因素进行了实验研究,通过微波和超声强化手段,对复合试剂的浸提影响做对比实验,进而对微波强化和超声强化复合试剂影响污泥重金属的形态分布做分析研究。研究结果表明:超声对复合试剂浸提过程有协同作用,在实验范围内的中间值中取得最佳效果,时间为660 s,功率为125 W时,达到最理想协同效果。微波和超声强化所产生对污泥的影响都是有所差异的,主要表现为对有机基团的影响,及对胞外聚合物成分类蛋白、富里酸、腐殖酸的影响。

丁艳华等利用超声强化茶皂素修复土壤重金属,研究了淋洗剂浓度、淋洗方式及淋洗时间对土壤中重金属 Cu、Zn、Ph 和 Cd 的修复效果及修复前后土壤重金属的形态变化。结果表明:茶皂素对土壤 Cu、Zn、Pb 和 Cd 的解吸率随茶皂素浓度升高而增大,最大解吸率分别为 48.60%、35.10%、28.10% 和 45.60%。单独采用超声导致低解吸率,而超声辅助振荡能增加重金属的解吸率并缩短达到平衡状态的时间。重金属的解吸过程是非均相扩散。超声辅助作用下可以活化土壤中的重金属,并通过振荡减少重金属的酸提取态和可还原态,从而减少重金属可迁移性和生物可利用性。

高珂等针对传统淋洗法修复土壤中重金属效率较低的问题,研究了超声强化淋洗技术以提高重金属去除率。以 Pb、Cd、Cu 为目标污染物,在 0.05 mol/L 的柠檬酸、0.05 mol/ L 的 EDTA 和 0.05 mol/L 的皂角苷作为淋洗剂条件下,使用传统振荡、超声强化以及超声波加振荡 3 种不同的作用方式,对 Pb、Cd、Cu 的去除率进行比较,并对 3 种不同淋洗方式后 Pb、Cd、Cu 的形态变化进行了探讨。结果表明,当使用柠檬酸和皂角苷作为淋洗剂进行振荡淋洗时,重金属洗脱效果不理想。超声对于强化柠檬酸洗脱效果并不明显,而对于强化皂角苷洗脱重金属效果明显,平均去除率提高了 120.47%。当淋洗剂为 EDTA 时,土壤样品在传统振荡 2 h 作用下,对 Pb、Cd、Cu 的去除率依次为 50.33%、76.65% 和 47.35%,而在超声波 30 min 条件下对 Pb、Cd、Cu 的去除率依次为 82.19%、83.31% 和 53.89%,平均去除率高出 28.60%,可显著提高重金属去除率,缩短淋洗时间。但超声波 30 min 加传统振荡 2 h 相较于单纯超声强化效果提升不明显。通过对比 3 种淋洗方式后土壤中的 Pb、Cd、Cu 形态可以发现,酸可提取态的重金属在超声强化作用后有明显降低,同时超声强化对于铁锰氧化物结合态、有机物结合态和残渣态也具有较好去除能力。因此,超声强化在化学淋洗中的应用具有一定的可行性,是一种简单、极快速去除污染场地中重金属 Pb、Cd、Cu 的增效手段。

纪楠等分别对铁屑处理法,铁炭内电解法,超声/铁炭内电解联用法处理含 Cr(Ⅵ)废水进行试验研究。3 种方法在最佳条件下对 Cr(Ⅵ)的去除率均可达到 90% 以上,其中超声/铁炭内电解联用方法处理时间短,对酸性要求相对较低,不易受铁屑粒径大小影响。

王佳明等在最优淋洗参数条件下,研究了超声频率、功率、时间对超声强化有机酸淋洗铅锌污染土壤去除重金属的影响,考察了 Pb 和 Zn 去除率、土壤理化性质和重金属形态的变化。Pb、Zn 的去除率随着超声频率的增加而降低,随着超声功率的增加而增加,随着超声时间的增加经历快速增长、缓慢增长和趋于平衡 3 个阶段,超声强化最优条件为 20 kHz、600 W、20 min,柠檬酸、酒石酸对 Pb 的去除率分别达到了 60.0%、47.6%,对 Zn 的去除率达到了 91.7%、76.5%。在超声强化有机酸淋洗后的土壤中,酸提取态 Pb 和 Zn 几乎全部被去除,极大提高了可还原态的去除率;土壤基本理化性质有所变化,但均能满足不同用地土壤肥力要求,其中有效磷、有效钾和有机碳的含量相比 Na_2EDTA 淋洗后的土壤要高,总氮含量相比降低,但有效氮/总氮比是 Na_2EDTA 淋洗后的土壤中有效氮/总氮比的 2 倍。

6.3.3 超声波对有机化学反应的强化

1)超声臭氧氧化技术

超声臭氧氧化技术作为一种先进的高级氧化技术,具有氧化能力强、二次污染小、可以无选择性地将各种污染物最终矿化为无机离子的优点,因而在污水处理方面具有良好的应用前景。胡兵等研究了超声强化臭氧氧化对氧乐果和敌敌畏两种高毒性有机磷农药的降解效果，研究内容主要包括两个部分：单一臭氧氧化处理及超声臭氧强化降解有机磷农药废水。对单一臭氧化来说，当 pH 值等于 10 左右时，降解敌敌畏时的 COD 去除率达到 28.5%；当 pH 值在 8~10 时，降解氧乐果时的 COD 去除率达到 32.9%。对超声强化臭氧化来说，当 pH 值等于 10 左右时，敌敌畏和氧乐果的 COD 去除率分别达到 50.5% 和 79.2%，均高于无超声试验，但单独采用超声波清洗器（频率为 40 kHz，功率为 250 W）对敌敌畏、氧乐果两种有机磷农药模拟废水的降解效果不大。超声强化臭氧化和单一臭氧化对氧乐果溶液 COD 的降解效果对比结果表明，超声的引入使反应明显加快，相同条件下，单一臭氧降解氧乐果，其降解率只有 24.5%，而在超声和臭氧的联合作用下，氧乐果的去除率可达到 85.4%。

臭氧氧化有机污染物遵从臭氧分子直接反应和自由基间接反应两种机理。因此，严格地讲，只有当臭氧氧化过程按自由基型反应进行时，臭氧氧化技术才能称为高级氧化技术。臭氧氧化技术的主要不足在于：第一，臭氧氧化过程属气液反应过程，但臭氧向水中的传递速率较低，导致臭氧的利用率不高；第二，臭氧本身的氧化能力有限，不能将有机污染物完全"矿化"为水、二氧化碳和无机盐。当超声与臭氧结合时，可以从以上两个方面对臭氧氧化过程进行强化。超声不仅可以强化臭氧的传质，而且能强化臭氧分解产生·OH，反应式如下：

$$O_3(g) \longrightarrow \cdot O_2(g) + O(^3P)(g) \tag{6.1}$$

$$O(^3P)(g) + H_2O(g) \longrightarrow 2 \cdot OH(g) \tag{6.2}$$

2）超声芬顿试剂氧化技术

超声芬顿试剂氧化技术应用于废水处理可追溯至 20 世纪 60 年代，它是最早用于废水处理的一种高级氧化技术。传统的芬顿试剂氧化技术是利用 Fe^{2+} 催化 H_2O_2（即芬顿试剂 + H_2O_2）产生·OH，再由后者氧化水中的污染物，反应式如下：

$$Fe^{2+} + H_2O_2 \longrightarrow Fe^{3+} + OH^- + \cdot OH \tag{6.3}$$

当 Fe^{2+} 反应氧化为 Fe^{3+}，后者在水溶液中与 H_2O_2 反应生成一复杂中间体 $Fe(OOH)^{2+}$，该中间体可分解为 Fe^{2+} 和·OOH，反应式如下：

$$Fe^{3+} + H_2O_2 \longrightarrow Fe(OOH)^{2+} + H^+ \tag{6.4}$$

$$Fe(OOH)^{2+} \longrightarrow Fe^{2+} + \cdot OOH \tag{6.5}$$

由于生成 $Fe(OOH)^{2+}$ 的反应速度远低于分解 $Fe(OOH)^{2+}$ 的速度，使得 Fe^{2+} 的消耗速度超过其再生速度，因此一般需较高的 Fe^{2+} 加入以维持足够的·OH 产生。当超声与芬顿试剂结合时，超声可提高分解 $Fe(OOH)^{2+}$ 的速度，从而提高芬顿试剂氧化链反应的效率。

3）超声/光催化氧化技术

超声/光催化氧化技术是近年发展起来的一种新型废水处理技术。该技术利用超声所特有的空化效应强化光催化剂的催化效能，可以实现超声和光催化协同的降解效果，提高有机污染物的降解效率。在高能超声场中的水体会形成空化泡，在其中或周围的微空间内汇聚了高密度能量。在这过程中高温热解空化泡会在崩溃的瞬间，产生了 5 000 K 的高温。这种极端环境对挥发进入空化泡内的有机气体，以及空化泡气液界面处的有机物，都有热解断键作用，使有机物得到降解。该机理中有机物的降解程度依赖于空化泡的物理、化学性质以及·OH 自由基氧化机理。超声化学产生的高压条件，足以打开结合力较强的化学键，使得分子 H_2O 分解为·H 和·OH 自由基或者生成 H_2O_2，产生的氧化性自由基扩散到水体中与有机物发生反应，从而达到降解污染物的目的。其机理如下：

$$H_2O \longrightarrow \cdot H + \cdot OH \qquad OH + \cdot OH \longrightarrow H_2O + O \qquad (6.6)$$

$$\cdot H + O_2 \longrightarrow \cdot OH + O \qquad \cdot OH + \cdot OH \longrightarrow H_2O_2 \qquad (6.7)$$

$$\cdot H + O_2 \longrightarrow \cdot O_2H \qquad 有机物 + HO \cdot \longrightarrow 产物 \qquad (6.8)$$

$$有机物 + H \cdot \longrightarrow 产物 \qquad 有机物 + \cdot O_2H \longrightarrow 产物 \qquad (6.9)$$

光催化的基本原理:以可见光或紫外光为驱动力,光催化剂为反应媒介的高效氧化手段。一般典型的半导体 TiO_2 为 n 型,当半导体氧化物(如 TiO_2)粒子受到大于禁带宽度能量的光子照射后,电子从价带跃迁到导带,产生了电子-空穴对,电子具有还原性,空穴具有氧化性,空穴与氧化物半导体纳米粒子表面的·OH 反应生成氧化性很高的·OH 自由基,活泼的·OH 自由基可以把许多难降解的有机物氧化为 CO_2 和 H_2O 等无机物。超声/光催化技术,就是在光辐射和超声辐射条件下,半导体光敏催化剂(如二氧化钛)被光激发出电子-空穴对,而吸附在半导体表面的水及污染物的分子接受光电子对-空穴对,同时超声对光催化剂表面起到活化作用,也能直接分解水分子产生羟基自由基,从而与水体中的有毒有害污染物发生氧化还原作用,实现降解或者完全去除污染物的一种高级的水处理方法。因此,在超声/光催化复合工艺中,超声不仅可以氧化有机污染物,而且对光催化具有明显的协同作用。

4)超声强化有机物提取

近年来,超声波技术在中药制剂与天然产物有效成分提取工艺中的应用越来越受到关注,在《中华人民共和国药典》中,应用超声波处理的有多个品种,且呈日渐增多的趋势。超声波技术用于天然产物有效成分的提取是一种前景广阔的、非常有效的方法和手段。

与传统提取方法相比,超声提取速度快、溶剂用量少、提取率高、不影响有效成分活性、不改变提取有效成分的化学结构等特点。但强大的超声功率也会对物料的性质有所影响,所以超声功率对提取得率也有所限制。为改善这个问题,可将超声技术作为一种强化手段,与其他技术协同使用,充分结合超声技术与其他技术的优势,从而达到最大化提取得率的目的。目前,不少实验室已研发不同的超声协同其他技术运用于天然产物有效成分的提取。

6.4　超声波萃取与浸取技术

6.4.1　概述

萃取是化工过程中常见的一种分离手段。液-液萃取往往称为萃取,液-液萃取是通过组分在两种互不相溶或者微溶溶剂中的溶解度或分配系数差异,使物质从一种溶剂内转移到另一种溶剂中。液-液萃取广泛应用于化学、冶金、食品等工业中,最常见的是石油炼制行业。

固液萃取往往称为浸取,进行浸取的原料是溶质与不溶性固体的混合物,其中溶质是可溶组分。浸出即是用溶剂浸渍固体混合物以分离可溶组分及残渣的单元操作。浸取所处理物质有天然的矿物,固相废弃物,也有植物的根茎叶等。最典型的代表就是湿法冶金过程,通过溶剂对矿物或者固相废弃物中的有价金属进行回收或者杂质元素进行去除。

超声波也被用于强化萃取过程中。通过对萃取过程施加超声波,利用其空化效应,使液体内部产生微小的气泡,这种气泡内爆产生了局部剪切力、湍流和混合,进而增强了传质和传热。在易乳化的萃取体系中,利用超声波空化效应的特性,可达到破乳作用。在冶金领域,通过超声波辅助,利用其空化效应,使溶液形成压差,产生微小气泡的同时产生空腔,在短时间内使气泡破碎,产生巨大能量,使局部反应压力和温度远远高于周围环境的同时,高速流液体腐蚀难溶性矿物表面,破坏其难溶结构,使溶液可以进入矿物内部,从而强化浸出。

6.4.2 超声强化萃取过程

利用超声辅助主要是运用超声所带来的空化效应,从而强化液-液萃取过程中的传质,已经广泛应用于各种有机物的提取中。

Bianchi 等人通过超声辅助的方法从烘焙咖啡中提取咖啡豆醇和咖啡醇,并且利用响应面优化的方法对实验条件进行优化。研究了 3 个参数,即振幅水平、提取时间和溶剂体积,结果表明这 3 个参数对提取有显著影响,并且较高振幅($164~\mu m$)和中心点附近的体积($4~mL$)显著增加了咖啡豆醇和咖啡醇,最终证明超声处理有利于咖啡豆醇和咖啡醇的提取。Zhou 等人将深共晶溶剂与超声辅助结合,从桑叶中提取酚类化合物。相比于传统的提取方法,超声强化萃取有更高的产率。Wang 等人利用超声强化离子液体萃取分离黄芩苷和黄芩素。通过优化固液比、萃取温度、萃取时间和超声时间等影响因素,黄芩苷在水相中提取量为 $43.3~mg/g$,黄芩素在离子液体相中的提取量为 $14.3~mg/g$,且两者分配系数分别为 23.8 和 13.7。Cerqueira 等人利用超声辅助乙酸乙酯和离子液体溶液萃取番石榴籽热解所含水馏分中存在的酚类化合物。通过实验发现,超声波频率是影响萃取效率最重要的因素,通过增加超声波频率,可获得更高浓度的酚类化合物。Li 等人在超声条件下利用双水相系统从西藏沙棘果实中提取黄酮类化合物,并发现在分离过程中最主要的几个因素中,超声波温度>提取时间>固液比。

从上述工作中可以发现,在超声强化液液萃取过程中,超声往往对于萃取效果有着至关重要的影响。

6.4.3 超声强化浸取过程

超声强化浸取过程最典型的应用是在矿物浸出过程以及固体废弃物浸出过程中,超声强化有价金属的浸出。

1)矿物浸出过程

矿物浸出效率影响着最终浸出剩余的矿渣,在当前"双碳"背景下,化工冶金行业承担着节能减排的任务。提高矿物浸出效率,会减少矿渣的量,也就会为节能减排事业做出贡献。利用超声强化可破坏矿物表面的钝化层,使更多有价元素浸出,从而提高矿物浸出率,如图 6.5 所示。下面将介绍一些关于超声强化矿物中有价元素浸出的工作。

Yu 等人在超声辅助下从含铜的黑云母中提取铜。与常规浸出相比,使用超声强化浸出,可将浸出时间从 120 min 缩短到 40 min,硫酸浓度从 0.5 mol/L 降至 0.3 mol/L。且在浸出率为 78% 时,浸出温度从 75 ℃降至 45 ℃,这可能是因为超声使含铜黑云母分层,并将其比表面积从 $0.55~m^2/g$ 增加到 $1.67~m^2/g$。Diehl 等人利用超声辅助浸出碳酸盐岩中的稀土元素。结果表明,相比于普通浸出,在相同浸出条件下,采用超声辅助浸出可以提高 35% 的浸出率。Chen 等人在页岩体系中使用超声辅助浸出页岩中的钒。在超声作用下,钒的浸出率可以从 87.86% 提高到 92.93%,并且认为超声对浸出率的提高主要归因于超声空化可以增加比表面积以及保持参与浸出反应含钒颗粒的表面活性。

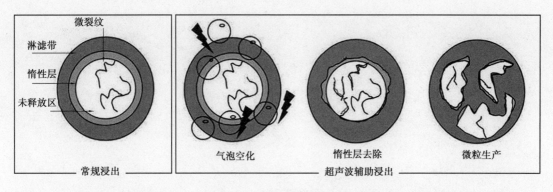

图6.5　超声强化浸出原理

2）固体废弃物浸出过程

在"双碳"背景下,化工冶金行业中节能减排,以及三废的处理具有极大的战略意义。固体废弃物属于三废中的废物类,由于很多固体废弃物中还含有大量的有价元素,如何高效精准的分析固体废弃物中的有价元素,在使固体废弃物无害化的同时,实现变废为宝,也是许多学者研究的方向。超声作为外场强化中的常用手段,利用气穴作用所产生的机械搅拌可以避免许多浸出中钝化层的形成;并且超声的空化效应会在固体表面上形成冲击波和微射流,这会对固体表面造成更严重的冲击损伤,并导致钝化层结构的有效破坏;另外,空化效应加速了浸出液向固体内部的扩散,最终提高了浸出率。下面将介绍一些关于超声强化固相废弃物中有价金属浸出的工作。

Wang 等人使用超声辅助浸出高温合金废料中的稀有金属。通过两步超声浸出的方法,pH 值为4.5时,Al 和 Cr 的最佳回收率分别为94.6%和82.1%,pH 值为7.5时,Ni 和 Co 的最佳回收率分别为99.5%和98.3%。Toache-Pérez 等人在液晶显示器屏幕废料浸出过程中采用超声辅助。在室温下超声辅助浸出 60 min 后,Gd 和 Pr 的回收率分别达到了85%和87%。Zou 等人利用超声辅助浸出硬锌渣中的 In。探究了超声功率、浸出时间、初始酸度、反应温度等对浸出的影响,在最佳条件下,使用超声辅助浸出后硬锌渣中铟元素的浸出率可以达到96.72%。Xiao 等人报道了一种废旧锂离子电池中提取有价金属的方法。在超声辅助下,有价金属的浸出率达到了97%,比没有超声辅助的相同条件下提高了8%。

Xin 等人研究了在超声辅助以及富氧酸酸浸环境下,从含锗矿渣粉尘中浸出 Zn 和 Ge 的行为,发现超声波与氧气的结合不仅可以破坏矿物的晶体结构,降低矿物的结晶度,还可以破坏矿物,打开矿物包裹体,浸出硫化物并释放封装的锗,最终提高 Zn 和 Ge 的浸出率,具体浸出机理如图6.6所示。Xie 等人利用超声辅助,简化了锌渣中浸出铅的工艺,从两段浸出变为了一段浸出,通过优化过程参数,最终浸出率高于普通的两步浸出浸出率。结果表明,超声波辅助作用的可能浸出机理与锌浸出渣中的 Pb 通过形成 $PbCl_4^{2-}$ 从而避免了传统方法下生成 $PbCl_2$ 沉淀,如图6.7所示。

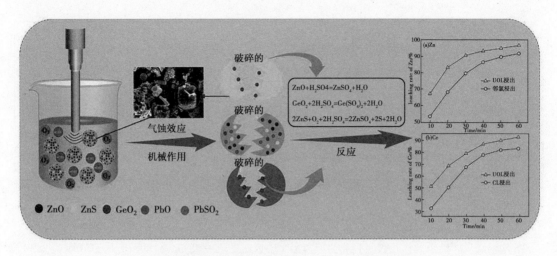

图 6.6　超声辅助浸出锗矿渣粉尘中锌和锗的机理图

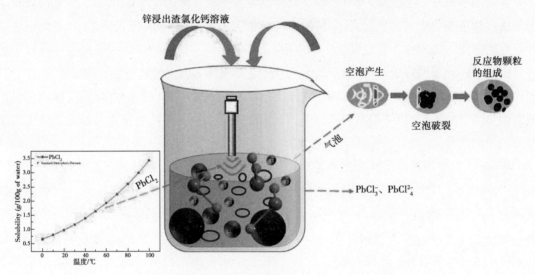

图 6.7　超声强化锌渣中铅浸出机理分析示意图

6.5　超声波结晶技术

6.5.1　概述

1）超声

随着科学的进步,各国科学家逐渐发现,超声作用有利于化学反应的发生,各种高功率的超声源被应用到化学反应工业中,使得声化学的研究得到了快速发展。

假设连续弹性介质是由大量彼此之间没有间隙的质点组成,扰动产生时使得质点会偏离其平衡位置,与其邻近质点也势必运动。对于弹性介质而言,偏离平衡位置的质点及邻近质点会重新返回其平衡位置。同时又由于惯性的存在,这些质点在另一个方向上会经历相同的过程。弹性介质中质点彼此影响并在自己的平衡位置高低来回震动,于是扰动的能量便会向外传播,外部表现即为声波。由于超声波频率高于 20 kHz,超出了人体的听觉上限,故被称为超声波。当系统吸收超声波时,温度升高,说明了超声波的能量正在逐渐向其他种类的能量转换。超声波的强度决定了其能量转换对样品测量影响的大小。这一点与电磁波是有区别的。电磁波强度提升虽然使得光子数量变多,但是数目的改变不会对颗粒和单个光子的彼此作用产生影响。但超声波强度减小,其振幅也随之减少,反之亦然,同时,改变了能量转换的机理。

超声波是物理介质中的一种弹性机械波,具有定向、反射、透射等特性。根据超声强度和频率的大小,可将超声波技术的应用分为 3 类:诊断超声波、高频超声波和低频高强度超声波。诊断超声波运行频率为 1 ~ 10 MHz,能量很低,对人体没有伤害,因此常用于人体医学检查和诊断。高频超声波的频率范围很宽(100 kHz ~ 1 MHz)传播方向性强,可以作为探测与负载信息的载体。因此常用于分析和检测,尤其是在无损检测中有广泛的用途,如金属内部探伤,食品体系异物检测,超声测速等。

与前两种超声波不同,高强度超声波(high intensity ultrasound,HIU)运行频率为 20 ~ 100 kHz,能量集中,声功率可以达到上千瓦。这种超声波可以使介质产生剧烈振动从而引起介质形变或发生化学变化,常被用于加速化学反应或者物理过程。相对于前两种超声波,HIU 的应用和研究起步较晚,但在过去的十年得到了飞速发展。

关于超声波强化溶液结晶的机理,目前普遍被接受的观点是认为来自空化气泡的一系列变化过程,是促进结晶反应进行的主要因素。空化气泡在溶液内经过膨胀期、压缩期和内爆期,造成液体局部体系能量发生变化,产生新的自由基和被打破的离子。图 6.8 所示为空化气泡在结晶时的变化过程示意图。

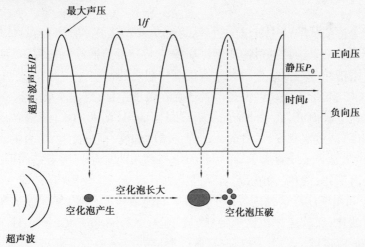

图 6.8 超声空化过程示意图

Banakar 等对以结晶和化学合成为重点的微反应器中的超声辅助连续处理进行了综述,认为小规模流动反应器是工艺强化的更好选择,同时从间歇切换到连续,以更好地控制工艺参数。因此,将微反应器用于各种连续流动过程已成为一种方便的方法。除了方便之外,微反应器在运行过程中还存在一些缺点,需要适当考虑平稳运行。其中,固体沉积和渠道堵塞是主要原因。超声波已被证明有助于减少这些问题。超声产生空化的能力提供了必要的湍流和压力,以去除堵塞物并改善微流体流动。超声波的另一个优点是增强混合特性,该特性已被证明可以提高产品产量。因此,将超声产生换能器与微反应器耦合或将微反应器保持在空化影响区域已被证明有利于缓解和避免微反应器通道堵塞的主要问题。

对于结晶工业来说，在结晶器周围布设超声场，进而得到结晶产物，并采用化工技术分离、处理，是一种新兴的结晶分离方法。这种利用超声波改善晶体特性、促进反应进行的新技术已被广泛应用到医学、制药等多个领域。研究表明，超声波对溶液有以下几种作用形式：

①微扰效应：即通过超声波的作用，使溶液中的分子、离子偏离原有状态，增加碰撞频率，对溶液的动态平衡产生一定影响，进而达到促进晶体析出的目的。

②湍动效应：即超声波产生的空化气泡破碎后给溶液造成的扰动，加速了粒子在溶液中的无规则运动和撞击，促使产生新的晶体，并均匀地悬浮于溶液中，这更加利于后续结晶的进行。同时，强大的液体冲击会造成结晶出的微小晶体表面凹蚀，这使得更多的晶尘能够产生大量晶体碎片，从而提高成核速率。

③界面效应：是指在溶液中由于气泡的汇集造成溶液内部变化，导致成核稳定，从而促进了结晶的进行。

④聚能效应：是指溶液中产生能够打破分子间力的高压冲击流，改变由氢键产生的介稳状态，体系中离子的连接减少，晶体析出变得容易，加速了传质过程，促进了成核。

2）结晶

国内外化工相关行业的快速发展及市场竞争越来越激烈，对化工产品生产效率水平的提高及过程耗能的降低提出了更高的要求，而结晶单元操作以其显著的优势成为国内外各界关注的热点之一。目前，实际工业生产过程中，结晶操作多针对化工产品进行高效分离纯化。随着其他高新技术及仪器的开发，将结晶技术与之结合应用于工业生产过程，具有非常重大的意义。

溶液结晶就是溶质从溶液中析出的过程，可分为晶核生成（形核）和晶体生长两个阶段，这两个阶段的驱动力都是溶液的过饱和度。从理论上分析溶液结晶过程，可从热力学和动力学两方面进行。溶液结晶与液态金属结晶有很多相似之处，均有形核和长大两个过程，且形核也有均匀形核和非均匀形核之说。但是两者还存在很多差别：首先本质上不一样，前者的结晶物通过溶质的聚集生长而成，后者的结晶物通过凝固而得；两者的界面驱动力不一样，前者的驱动力是浓度梯度，即过饱和度，后者的驱动力是温度梯度，即过冷度；两者的形核物质形式不同，前者的形核物质是分子或者离子，而后者的形核物质为原子。两者结晶形态也不一样，前者结晶完成后还有液体（溶剂）存在，后者结晶完成后就是一整块固体（铸锭）。

Talanquer 等利用密度泛函理论应用于溶液中晶体成核的研究，发现成核在亚稳态临界点附近定性地发生变化，成核速率相比于经典成核理论（Classical Nucleation Theory，CNT）显著增加。在高于临界温度的温度下，发现成核通过形成类似晶体的晶簇进行，而在较低温度下，无序的液滴状成核前聚体先出现，然后再成核转变为晶体。这些结果表明，在接近临界点，形成临界的长程有序的晶核的第一步是形成液体状的无序结构，然后在一定临界尺寸的液滴中形成晶核。同时也说明，在成核过程中，成核的机理实际上可能不仅仅存在一种，而是随着操作参数的变化而存在不同的成核路径。

结晶性能参数有以下几个方面。

（1）溶解度

溶解度是物质的物理本性，是指在某一温度下，某种物质（溶质）在另一种 100 g 的物质（溶剂）中达到饱和状态时溶解的量。可见，溶解度不仅与温度有关，还跟压强和溶剂种类有关。研究溶解度曲线对寻找最佳的结晶条件具有重要意义。目前很多相关固液平衡的模型已经被提出,例如正规溶液模型、Van Lear 模型、经典电解质溶液 D-H 模型、电解质溶液 Pitzer 模型等。基于固液平衡的理论,普遍认可的溶解度方程见式(6.10):

$$\ln(\gamma \chi) = \frac{\Delta H_{\psi}}{R}\left(\frac{1}{T_{\psi}} - \frac{1}{T}\right) - \frac{\Delta C_{p}}{R}\left(\ln\frac{T_{\psi}}{T} - \frac{T_{\psi}}{T} + 1\right) - \frac{\Delta V}{RT}(P - P_{\psi}) \tag{6.10}$$

式中　ΔH_{ψ}——三相点溶质摩尔相变焓;

　　　T_{ψ}——三相点温度;

　　　ΔC_{p}——固液相的恒压热容差;

　　　ΔV——体积变化。

对于理想溶液,溶剂作用可以忽略,$\gamma = 1$。对于固体物质,可忽略体积变化和热容差对溶解度的影响,因此固体物质溶解度的主要影响因素是温度。

(2)过饱和度

饱和浓度 C_{ep} 就是平衡时的溶解度,过饱和度($C - C_{ep}$)是实际浓度 C 超过饱和浓度的部分,是在一种介稳情况下才能存在的状态。超溶解度 C_{max} 也称为极限浓度,是指在某一温度下,溶质再也不能被溶解的最大值。而极限过饱和浓度($C_{max} - C_{ep}$)就是指极限浓度超过饱和浓度的部分。浓度和过饱和浓度都是在某种情况下体系的状态量,而饱和浓度和极限过饱和浓度是在特定条件下,物质本身的一种物理性质,与状态无关。也常用过饱和比 β(即 C/C_{ep})和相对过饱和浓度 η[即($C - C_{ep}$)$/C_{ep}$]来描述溶液的过饱和情况。过饱和比与时间有一定的关系,如图 6.9 所示,晶体的粒径分布由此控制。Ⅰ区为成核诱导区,Ⅱ区为晶体成核区,Ⅲ区为晶体生长区,β^{*} 为临界形核的过饱和比。晶体成核区的滞留时间决定了粒径分布的宽度,而平均粒径是晶体生长区的滞留时间的函数。

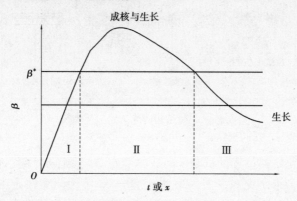

图 6.9　过饱和比与时间或空间的函数

(3)介稳区

介稳区是指溶液状态图上介于超饱和度与饱和浓度之间的部分。可见,这两者直接决定了介稳区的宽度。图 6.10 示意了溶液的状态图,曲线 a 与 曲线 b 分别是溶解度曲线和超溶解度曲线,介稳区为两线之间的区域。曲线 a 以下区域为稳定区,其浓度均低于平衡浓度。曲线 b 以上部分为不稳定区,其浓度均高于超饱和浓度。介稳区还可以分为第一介稳区和第二介稳区。所以溶液可以存在于以上 4 种状态之一。在第一介稳区内,溶液是不能自发形核的,若外加晶种或其他固体杂质,则可以在其表面继续生长;在第二介稳区内,溶液可自发形核,但不会立即结晶,需要一定时间的诱导期,或者外加一定刺激,如突然振动;在不稳定区域,溶液会迅速结晶,立即析出晶体。

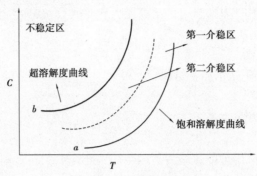

图 6.10　溶液结晶区域划分

目标产物的结晶控制在介稳区内发生,才能得到粒度更大、更均匀的结晶产物。在介稳区内溶液不会自发地产生结晶,如果投加晶种,会出现晶种长大的现象。可以根据介稳区宽度变化规律,进一步考察结晶诱导期和结晶反应速率等特性。晶体在水中的溶解度可采用电导率仪辅助激光法测定,装置简图如图 6.11 所示。结晶诱导期是在一定温度条件下,从饱和溶液形成到在一定反应条件下再到第一次结晶成核的时间,测定诱导期方法主要有激光功率法、电导率法、浊度法和目测法等。

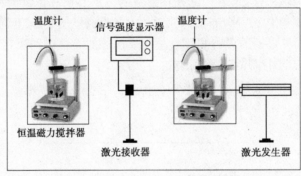

图 6.11　介稳区和诱导区测定装置简图

3)超声强化结晶

首次应用声场强化结晶过程的试验是阿斯托菲在 20 世纪 40 年代进行的,德国人在第二次世界大战期间又进行了研究和发展。20 世纪 50—60 年代胡克在论述晶核生成(结晶包含晶核的生成与晶体的生长两个过程)时进一步指出:声波辐照由于具有强烈定向效应,有补充和加强形成临界晶核所需的波动作用,因而能加速结晶过程。从此超声结晶开始作为一门交叉学科的应用技术蓬勃发展起来。

6.5.2　超声结晶过程

冷却法超声结晶[图 6.12(b)]继承了一般冷却法结晶[图 6.12(a)]的优点,设备十分简单,只需在原有结晶设备上加上超声发射装置即可。至于超声结晶的具体操作参数(如超声频率、功率、作用时间等)由于尚未确定超声参数与和超声被处理对象的特性所产生的影响之间的确切关系,所以现阶段的参数选择往往取决于经验因物而异。

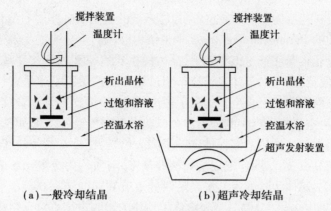

(a)一般冷却结晶　　　　　　**(b)超声冷却结晶**

图 6.12　冷却结晶

一般认为超声波对结晶的影响主要是通过空化效应进行的。在溶液中传播的超声波存在着一个正负压强的交变周期:在正压相位时超声波挤压介质分子使介质密度增大;在负压相位时超声波疏散介质分子使介质密度减少。当超声波振幅足够大时负压区内介质分子间的平均距离会超出临界分子距离。此时溶液中的介质断裂形成微泡。微泡进一步长大形成空化气泡。其中一部分重新溶解于溶液介质或上浮消失,另一部分则随声场变化继续生长(直到负压达到最大值)然后压缩(体积可以缩小甚至消失)。当空化气泡离开超声场共振相位时气泡内的压强已不能支撑其自身大小而开始溃陷,这一系列现象称为空化作用。超声结晶技术主要通过合理利用超声空化作用促进结晶-溶解可逆反应向着结晶方向进行。

超声对结晶过程的具体影响主要集中在以下 4 个方面。

1)超声波对结晶成核诱导期的影响

相变过程的阶段之一是潜伏转变期,这时直接看不到新相的生成,这一时期称为诱导期。诱导期的延续时间主要取决于温度、溶液搅拌强度和杂质的存在。在其他条件不变时,诱导期的延续时间随温度的升高而缩短。同样,搅拌强度和液相中不溶细粒浓度的增加,也会使诱导期缩短。在结晶过程中引入超声,由于空化效应和机械效应可以有效地增大搅拌强度,降低黏度,进而缩短结晶诱导期。

曾雄等研究了超声对碳酸锂反应结晶的成核速率的影响。结果表明超声能缩短溶液结晶的诱导时间。刘志等利用自制实验装置考察了功率超声对磷酸铵镁(MAP)溶液结晶反应特性的影响。结果表明,对于浓度为 4 mmol/L 的 MAP 溶液,分别施加 150、250 和 350 W 的功率超声,其达到超饱和状态的临界 pH 值分别比自然反应条件的临界 pH 值降低 0.14、0.21 和 0.38,结晶介稳区也随超声功率的增加而逐渐变窄;施加 150～200 W 的功率超声,可将 MAP 的结晶诱导期从 340 s 缩短至 50～100 s,但是继续提高超声功率,结晶诱导期变化不大;超声作用下的 MAP 结晶反应速率明显加快,随着超声功率的增加,结晶反应速率曲线的缓慢平台期几近消失;扫描电镜观测结果表明,超声作用下 MAP 结晶产物更加均匀,晶体形貌完整,晶体增长较快。

2)超声波对晶体生长速率的影响

超声场在不同的条件下,对不同种类的晶体的生长速率有着不同的影响。

理论研究认为,超声作用对晶体生长速率的影响取决于过饱和度推动力的幅度。在低过饱和浓度下,结晶面生长速率为 10^{-10} m/s 左右时,应用超声波使生长速率加倍。当溶液为高过饱和度时,晶体生长速率为 10^{-2} m/s 左右时,超声波的应用没有作用。没有超声场作用的情况下,关于晶体生长的 Burton-Cabrera-Frank 理论认为晶体的生长速度受限于在缺损处新的表面层的形成,该理论还推断在低过饱和度下,晶体的生长速率和过饱和度基本呈二次方关系,而当处于高过饱和度情况下,时晶体生长速率和过饱和度的关系基本呈线性关系。在低过饱和度情况下,晶核表面周围的可供生长的粒子很少,在这种情况下,传质过程就是晶体生长过程的控制步骤。超声空化作用产生的冲击波可以造成微混流或可以使固体表面和主体溶液之间的边界层减薄,因而超声作用能够促进这一步骤。但是,在没有晶种的情况下,应用超声波强化结晶过程时,结晶成核速率高,形成的晶核数量多,溶质均匀分散到各个晶核使得晶体生长的速率降低。因此,晶体生长速度的快慢是两种效应共同的结果。吴争平等揭示了超声对3种不同结晶形态四钼酸铵结晶的晶型和热化学性质的影响规律。对于生成 b 型四钼酸铵的反应体系,无超声作用下需 1~2 d 制得产物,而在超声作用下只需十几分钟即可完成,并且发生晶型的改变,生成了微粉型四钼酸铵。

3)超声波对结晶量的影响

田军在对碱式氯化镁的研究中发现,超声波的作用对结晶产量的增加有着极为显著促进作用。王光龙在研究硫酸钙结晶时发现,超声促进成核,也对结晶量产生影响,但结晶量并不随声强单调变化。在声强为 3.1 W/cm^2 时,结晶量增加最显著;随着声强的增加,结晶量反而减少。作者在对亚硫酸钙结晶的研究过程中发现,声强在 3~4 W/cm^2 时终点电导率最低,在此之后电导率随声强增大而有所减小,但总体上超声作用可以降低终点电导率,说明超声波的应用增加了结晶量。Amara 等在对钾明矾的研究中发现,超声作用增加了结晶量,但是增大功率结晶量只有少量增加。造成以上不同结果的原因可能有:一是超声对物质溶解度的影响。郭志超在其文章中综述了超声波对物质的溶解度有着显著的影响,推测在引入超声波后,由于溶解度的提高可能会对结晶产品的收率和过饱和度的形成有影响。二是在行波场中引发一般声化学反应的声强阈值为 0.7 W/cm^2,而通常声强在超过 3 W/cm^2 后,声化学产额的增加变得不显著,因此声强的作用存在极值。三是当结晶过程同时包含反应和结晶两种过程时,若两者对过程条件的要求并不相同,甚至存在矛盾,则超声对反应和结晶的共同作用就会导致结晶量变化存在极值的结果。王国宇等研究了超声波对三氯蔗糖结晶过程的影响,结果表明:超声波可以明显缩短三氯蔗糖结晶诱导期,频率越高,功率越大,结晶诱导期越短;超声波可以加快结晶速率,增加结晶量。

4)超声波对晶体结构及其粒度分布的影响

超声对晶体的结构也有显著影响,其可以改变晶体结构,进而更好地满足人们的要求。郝建堂等研究了超声波对六氟磷酸锂(LiPF$_6$)结晶过程的影响。通过正交实验考察了超声频率、超声功率和超声时间 3 个因素对六氟磷酸锂产品纯度的影响,结果表明采用超声结晶制得的六氟磷酸锂产品的纯度更高、粒度分布更集中、颗粒形貌更规则。孙晓娟等研究了超声波对柠檬酸铅的结晶过程的影响,结果表明,经过超声波处理后,柠檬酸铅晶体由薄片状转变为长径比约为 8∶1 的柱状,柱状晶体长 20~50 μm,而超声波处理前柠檬酸铅晶体的粒度均小于 5 μm,有效增大了晶体粒度。李杰等对饱和 NH$_4$Cl 水溶液进行了超声处理对比试验,结果表明:超声处理可以明显缩短饱和 NH$_4$Cl 水溶液开始结晶时间、白浊化开始时间,并得到了粒度更低的结晶体晶粒。李文钊等研究了超声处理对核黄素溶液结晶的影响,结果表明:超声作用不仅可以加快成核速率,缩短诱导期,加快结晶进程并且能够获得球状核黄素结晶,使产品流散性提高。王光龙等研究了超声对硫酸钙结晶过程的影响。实验表明,与对照样相比,超声可以明显缩短成核时间,改变结晶量,影响结晶在不同方向的成长速度,使结晶的形状比例长/宽减小。粒度分布的定量测定和计算显示,超声使硫酸钙结晶粒度分布范围由 200 μm 缩小到 100 μm,体积平均直径从 69.95 μm 降到 26.59 μm,硫酸钙的成核速率提高 2.74 倍,但结晶成长速率减少到对照样的 40.9%。

6.5.3　超声在结晶分离技术中的应用

1)食品领域

近年来,超声由于其优异的性能在食品领域应用广泛,表 6.1 列出了超声在食品领域的应用情况。

表 6.1　超声在食品领域的应用情况

序号	结晶物质	超声作用	作者
1	脂肪	讨论了超声波在食品科学中的应用,特别强调了脂肪结晶和结构的控制。研究表明,尽管做出了相当大的努力(过去 5 年每年发表 25 篇论文),功率超声对脂肪结晶和结构的控制几乎没有影响	Malcolm J. W. Povey
2	无水乳脂(AMF)	经超声处理的样品的结晶速率增加,结晶尺寸随熔化温度的变化而变化。在超声波影响下结晶性质的变化包括结晶温度的降低和无水乳脂样品的熔融焓的增加,这可能是由于熔体中额外形成 β′-型晶体所致	Andrey Sergeev
3	红链霉菌蛋清溶菌酶和葡萄糖异构酶	超声诱导的晶体尺寸小且均匀,其数量大于静态条件下获得的晶体。当光散射或色氨酸荧光开始改变时,关闭超声波照射,由于抑制了预成型晶体中的进一步成核和断裂,导致形成更大的晶体	Hiroki Kitayama

2)超声在无机盐结晶中的应用

超声在无机溶液结晶中的相关研究比较多,表 6.2 列出了超声在无机溶液结晶中的应用案例。

表 6.2　超声在无机溶液结晶中的应用

序号	结晶物质	超声作用	作者
1	硫酸铜	缩短结晶诱导期,其中低频超声的作用更加明显,并且随超声功率的增加,诱导期的减小程度下降	孟磊
2	碱式氯化镁	超声波明显提高了结晶产量。另外,在碱式氯化镁结晶系统中引入高频超声波的诱导期比低频的诱导期要短	田军

续表

序号	结晶物质	超声作用	作者
3	磷酸二氢钾	超声波导致晶体表面出现一些缺陷,晶体形状以孪晶为主。超声作用下获得的晶体都小于没有超声的情况。在 8 W 超声功率存在下,无超声获得的 KDP 晶体的平均尺寸减小到原来的 1/4,但功率的增加对晶体尺寸没有显著影响	Perviz Sayan
4	碳酸锂	引入超声以后,碳酸锂的粒度显著下降,大量的结晶颗粒已经达到纳米尺度,有非常好的实用性前景,除此之外晶体颗粒的形貌也发生很大变化,晶体定向生长特征不再明显	孙玉柱
5	$Na_2HPO_4 \cdot 12H_2O$	在超声辐照下,一次成核概率显著增加,诱导时间缩短,此外,温度上升速率取决于超声输出	Etsuko Miyasaka

3)化工装备领域

Gogate 等讨论了超声波在不同微流体或微流体连续装置中的应用,如段塞流结晶器、塞流和通道。就最佳操作条件以及对反应器设计的讨论,提供了超声波在结晶和化学合成领域的应用指南。认为超声辅助连续工艺或其与微反应器的组合可以是一种有效的方法,进而带来显著的强化效益。

6.5.4　超声结晶的应用展望

相对于传统的结晶方法,超声结晶的优势十分显著。人们在使用糖溶液的溶剂超声波起晶制种法后发现,超声波辐照能有效加快成核速率且获得的晶核尺寸分布窄、晶形良好、晶面完整。进一步研究超声波场对蔗糖晶体生长的影响后发现,适当的超声波辐照有助于提高晶体生长速率、控制晶体粒径分布,并最终提高产品质量。大量研究结果表明适当的超声波辐照能有效缩短许多物质的结晶周期,改善晶体的纯度、性能和质量并提高结晶、操作和后处理过程的稳定性。同时超声波还可在难以成核的系统中有效替代籽晶。因而在结晶周期长、晶种制备困难、晶体纯度和结晶产品质量要求高等情况下均可尝试运用超声结晶。

虽然超声结晶的很多应用还处于经验阶段,其理论尚需进一步探讨、检验与完善,但超声波辐照对结晶的促进效应十分明显。它的引入将给很难结晶物质的结晶带来希望并有助于结晶工艺向着更加快捷、简便和有效的方向发展。

思考题与课后习题

1.简述超声的产生机理。
2.超声强化学反应的主要机理是什么?
3.简述超声空化效应的过程。

参考文献

[1] BAIG R B, VARMA R S. Alternative energy input: Mechanochemical, microwave and ultrasound-assisted organic synthesis [J]. Chemical Society Reviews, 2012, 41 (4): 1559-1584.

[2] POKHREL N, VABBINA P K, PALA N. Sonochemistry: Science and engineering [J]. Ultrasonics Sonochemistry, 2016, 29: 104-128.

[3] DRAYE M, KARDOS N. Advances in green organic sonochemistry[J]. Topics in Current Chemistry (Cham), 2016, 374(5): 74.

[4] HANAJIRI K, MARUYAMA T, KANEKO Y, et al. Microbubble-induced increase in ablation of liver tumors by high-intensity focused ultrasound[J]. Hepatology Research, 2006, 36(4): 308-314.

[5] ZHOU C W, LI F Q, QIN Y, et al. Non-thermal ablation of rabbit liver VX$_2$ tumor by pulsed high intensity focused ultrasound with ultrasound contrast agent: Pathological characteristics [J]. World Journal of Gastroenterology, 2008, 14(43): 6743-6747.

[6] 王秋舒, 元春华, 许虹. 全球锂矿资源分布与潜力分析[J]. 中国矿业, 2015, 24(2): 10-17.

[7] 王晨. 试论全球锂矿资源分布与潜力分析[J]. 西部资源, 2018(1): 7-8.

[8] 雪晶, 胡山鹰. 我国锂工业现状及前景分析[J]. 化工进展, 2011, 30(4): 782-787.

[9] 李红英, 游锦新. 锂渣利用的进展[J]. 新疆有色金属, 2003, 26(S2): 65-67.

[10] 张宏泉, 文进, 童慧, 等. 锂尾矿资源化再利用现状与前景[J]. 陶瓷, 2021(3): 46-49.

[11] GOGATE P R, KABADI A M. A review of applications of cavitation in biochemical engineering/biotechnology[J]. Biochemical Engineering Journal, 2009, 44(1): 60-72.

[12] YANG J, XU L H, WU H Q, et al. Preparation and properties of porous ceramics from spodumene flotation tailings by low-temperature sintering[J]. Transactions of Nonferrous Metals Society of China, 2021, 31(9): 2797-2811.

[13] JI G X, LIAO Y L, WU Y, et al. A review on the research of hydrometallurgical leaching of low-grade complex chalcopyrite[J]. Journal of Sustainable Metallurgy, 2022, 8(3): 964-977.

[14] 胡冰. 超声强化臭氧化处理水中有机磷农药的研究[D]. 大庆: 东北石油大学, 2006.

[15] RICHARDS W T, LOOMIS A L. The chemical effects of high frequency sound wavesi. a preliminary survey[J]. Journal of the American Chemical Society, 1927, 49(12): 3086-3100.

[16] 杨倩倩. 城市污水污泥中重金属的物化浸提及其形态研究[D]. 哈尔滨: 哈尔滨工业大学, 2010.

[17] 丁艳华, 颜胜华. 超声强化茶皂素对污染土壤中重金属去除效果的影响[J]. 环境工程学报, 2018, 12(3): 876-884.

[18] 高珂, 朱荣, 邹华, 等. 超声强化淋洗修复 Pb、Cd、Cu 复合污染土壤[J]. 环境工程学报, 2018, 12(8): 2328-2337.

[19] 纪楠. 超声强化内电解处理含铬重金属废水试验研究[D]. 哈尔滨: 哈尔滨工程大

学,2017.

[20] 王佳明.铅锌污染土壤超声强化有机酸淋洗技术研究[D].北京:清华大学,2016.

[21] 张晖,刘芳,张建华,等.超声强化高级氧化技术降解水中有机污染物的研究进展[J].化工环保,2007,27(6):491-496.

[22] 胡伟,石建军.超声协同光催化降解有机污染物的研究[J].盐城工学院学报(自然科学版),2011,24(4):64-68.

[23] SEKIGUCHI K,SASAKI C,SAKAMOTO K. Synergistic effects of high-frequency ultrasound on photocatalytic degradation of aldehydes and their intermediates using TiO_2 suspension in water[J]. Ultrasonics Sonochemistry,2011,18(1):158-163.

[24] PUMA G L,BONO A,KRISHNAIAH D,et al. Preparation of titanium dioxide photocatalyst loaded onto activated carbon support using chemical vapor deposition:A review paper[J]. Journal of Hazardous Materials,2008,157(2/3):209-219.

[25] BIANCHIN M,DE LIMA H H C,MONTEIRO A M,et al. Optimization of ultrasonic-assisted extraction of kahweol and cafestol from roasted coffee using response surface methodology[J]. LWT,2020,117:108593.

[26] ZHOU P F,WANG X P,LIU P Z,et al. Enhanced phenolic compounds extraction from Morus alba L. leaves by deep eutectic solvents combined with ultrasonic-assisted extraction[J]. Industrial Crops and Products,2018,120:147-154.

[27] WANG L Q,CAI C Y,LIU J J,et al. Selective separation of the homologues of baicalin and baicalein from Scutellaria baicalensis Georgi using a recyclable ionic liquid-based liquid-liquid extraction system[J]. Process Biochemistry,2021,103:1-8.

[28] LI L,ZHANG T Y,XING J J,et al. Ethanol/ammonium sulfate ultrasonic-assisted liquid-liquid extraction of flavonoids from Tibetan Sea-buckthorn fruit[J]. Journal of Food Processing and Preservation,2022,46(5):16602.

[29] YU B Q,KOU J,SUN C B,et al. Extraction of copper from copper-bearing biotite by ultrasonic-assisted leaching[J]. International Journal of Minerals,Metallurgy and Materials,2022,29(2):212-217.

[30] GEZER B,KOSE U. Ultrasonic-assisted extraction and swarm intelligence for calculating optimum values of obtaining boric acid from tincal mineral[J]. Processes,2019,7(1):30.

[31] CHEN B,BAO S X,ZHANG Y M,et al. A high-efficiency and sustainable leaching process of vanadium from shale in sulfuric acid systems enhanced by ultrasound[J]. Separation and Purification Technology,2020,240:116624.

[32] WANG L,LU S J,FAN J Y,et al. Recovery of Rare Metals from Superalloy Scraps by an Ultrasonic Leaching Method with a Two-Stage Separation Process[J]. Separations,2022,9(7):184.

[33] TOACHE PÉREZ ASTRID D,BOLARÍN MIRÓ ANA M,DE JESÚS FÉLIX S,et al. Facile method for the selective recovery of Gd and Pr from LCD screen wastes using ultrasound-assisted leaching[J]. Sustainable Environment Research,2020,30(1):1-9

[34] ZOU J T,LUO Y G,YU X,et al. Extraction of indium from by-products of zinc metallurgy by

ultrasonic waves[J]. Arabian Journal for Science and Engineering,2020,45(9):7321-7328.

[35] XIAO X,HOOGENDOORN B W,MA Y Q,et al. Ultrasound-assisted extraction of metals from Lithium-ion batteries using natural organic acids[J]. Green Chemistry, 2021, 23 (21): 8519-8532.

[36] XIN C F,XIA H Y,JIANG G Y,et al. Mechanism and kinetics study on ultrasonic combined with oxygen enhanced leaching of zinc and germanium from germanium-containing slag dust [J]. Separation and Purification Technology,2022,302:122167.

[37] XIE H M,XIAO X Y,GUO Z H,et al. One-stage ultrasonic-assisted calcium chloride leaching of lead from zinc leaching residue[J]. Chemical Engineering and Processing - Process Intensification,2022,176:108941.

[38] 徐三. 基于超声的阿司匹林冷却结晶过程实验研究和模拟优化[D]. 广州:华南理工大学,2017.

[39] 陈芳芳. 超声对棕榈油系列油脂结晶行为的影响[D]. 无锡:江南大学,2013.

[40] BANAKAR V V,SABNIS S S,GOGATE P R,et al. Ultrasound assisted continuous processing in microreactors with focus on crystallization and chemical synthesis:A critical review[J]. Chemical Engineering Research and Design,2022,182:273-289.

[41] 孙文乐. 超声波强化铝酸钠溶液结晶机理研究[D]. 北京:北京化工大学,2015.

[42] 肖丽华. 扎布耶盐湖卤水的等温蒸发结晶和超声升温结晶过程研究[D]. 长沙:中南大学,2014.

[43] 许史杰. 基于介稳区模型的成核行为研究[D]. 天津:天津大学,2019.

[44] 张宇,张哲成,高建民,等. 新型氨法捕碳体系中介稳区宽度的调控机制[J]. 哈尔滨工业大学学报,2023,55(1):19-23.

[45] 刘志,邱立平,王嘉斌,等. pH 对磷酸铵镁结晶介稳区、诱导期和反应速率的影响[J]. 环境工程学报,2015,9(1):89-94.

[46] 朱涛. 超声结晶及其应用[J]. 现代物理知识,2007,19(5):28-29.

[47] 孟磊. 超声对硫酸铜结晶过程的影响[D]. 扬州:扬州大学,2007.

[48] 曾雄,易丹青,王斌,等. 超声对碳酸锂溶液反应结晶成核过程的影响[J]. 有色金属文摘,2015,30(3):111-113.

[49] 刘志,邱立平,王嘉斌,等. 超声对磷酸铵镁结晶特性的影响[J]. 环境工程学报,2016,10(3):1097-1102.

[50] 蓝胜宇,黄永春. 超声强化溶液结晶的研究[J]. 广西蔗糖,2012(4):23-27.

[51] 吴争平,尹周澜,陈启元,等. 超声对钼酸铵溶液结晶过程的影响机制[J]. 过程工程学报,2002,2(1):26-31.

[52] 田军. 超声波在碱式氯化镁结晶中的应用[J]. 哈尔滨商业大学学报(自然科学版),2005,21(2):221-222.

[53] 王光龙,张保林. 超声对硫酸钙结晶过程影响的研究[J]. 应用声学,2003,22(4):21-24.

[54] AMARA N, RATSIMBA B, WILHELM A, et al. Growth rate of potash alum crystals: Comparison of silent and ultrasonic conditions[J]. Ultrasonics Sonochemistry,2004,11(1):17-21.

［55］郭志超,王静康,李鸿,等.超声波对结晶过程部分热力学和动力学性质的影响[J].河北化工,2003,26(2):1-4.

［56］刘岩,丁锁根,义树生.声化学反应器设计研究进展[J].化学工程,1999,27(4):17-18.

［57］王国宇,张彬,周武,等.超声波对三氯蔗糖结晶过程的影响[J].食品科技,2011,36(6):108-111.

［58］唐建伟.超声在工业结晶的应用[J].硅谷,2008,1(15):105.

［59］郝建堂,闫春生,王永勤,等.超声波对六氟磷酸锂结晶过程的影响[J].无机盐工业,2015,470(9):59-61.

［60］孙晓娟,张伟,李卉,等.超声波对铅膏湿法转化产物结晶形貌的影响[J].化工进展,2013,32(8):1974-1978.

［61］李文钊,王芙蓉,赵学明.超声处理对核黄素溶析结晶影响研究[J].食品工业科技,2007,(7):109-111.

［62］POVEY M J W. Applications of ultrasonics in food science - novel control of fat crystallization and structuring[J]. Current Opinion in Colloid & Interface Science,2017,28:1-6.

［63］SERGEEV A,SHILKINA N,MOTYAKIN M,et al. Anhydrous fat crystallization of ultrasonic treated goat milk:DSC and NMR relaxation studies [J]. Ultrasonics Sonochemistry, 2021, 78:105751.

［64］KITAYAMA H,YOSHIMURA Y,SO M,et al. A common mechanism underlying amyloid fibrillation and protein crystallization revealed by the effects of ultrasonication[J]. Biochimica et Biophysica Acta,2013,1834(12):2640-2646.

［65］SAYAN P,SARGUT S T,KIRAN B. Effect of ultrasonic irradiation on crystallization kinetics of potassium dihydrogen phosphate[J]. Ultrasonics Sonochemistry,2011,18(3):795-800.

［66］孙玉柱.碳酸锂结晶过程研究[D].上海:华东理工大学,2010.

［67］MIYASAKA E,TAKAI M,HIDAKA H,et al. Effect of ultrasonic irradiation on nucleation phenomena in a $Na_2HPO_4 \cdot 12H_2O$ melt being used as a heat storage material[J]. Ultrasonics Sonochemistry,2006,13(4):308-312.

第 **7** 章
超重力化工过程强化

7.1　概　述

7.1.1　超重力技术简介

超重力技术(high gravity technology),顾名思义是比重力场更强的一种技术,与之相对应的是微重力,甚至零重力。众所周知,月球表面的重力强度约为地球的1/6。太空实验表明在微重力环境下,许多物理、化学实验现象与地球已有显著变化,推及到超重力环境,研究者开始关心超重力环境下的物理、化学实验效果。

超重力技术是强化多相流传递及反应过程的新技术,20世纪超重力机问世以来,在国内外受到广泛的重视,由于它的广泛适用性以及具有传统设备所不具有的体积小、质量轻、能耗低、易运转、易维修、安全、可靠、灵活以及更能适应环境等优点,超重力技术在环保、材料生物化工等工业领域中有广阔的商业化应用前景。但超重力技术还主要处于应用开发阶段,集中体现在超重力气–固流态化技术和超重力气-液传质技术两个方面。

7.1.2 超重力技术发展历程

离心力场(超重力场)被用于相间分离,无论在日常生活还是在工业应用上,都已有相当长的历史。

1925年,Myers制作了带有转动体的锥形截板式蒸馏柜。

1933年,Plackek发明了侧面闭合的螺旋式气液接触装置,液体沿螺旋板由内向外与逆流流动的气体相接触。几年后,该装置又有所改进,使用带有突起的同心圆筒以增加接触时间。

1954年,Chambers开发了附在旋转平板上的圆环构成的离心吸收器。

1965年,Vivian将一个填料塔固定在大离心机的旋转臂上,以测定离心加速度对传质系数的影响。实验表明:液膜传质系数与加速度的0.41~0.48次方成正比。Vivian是率先利用旋转床进行传质研究的,但没有提出旋转床域超重力这一概念。

1969年,Todd进行了离心接触器的实验,该接触器由相隔1英寸的12层环状同心筛板组成,在流体流动上,与筛板塔相类似。

首次出现超重力概念是 20 世纪 70 年代末出现的利用离心加速来显著提高热传递和质量转移过程超重力技术——"HIGEE",这是英国帝国化学工业公司(ICI)的 Colin Ramshaw 教授领导的新科学小组提出的一项专利技术,它的诞生最初是由设想用精馏分离去应征美国太空署关于微重力条件下太空实验项目引起的。理论分析表明,在微重力条件下,由于 $g \rightarrow 0$,两相接触过程的动力因素即浮力因子 $\Delta(\rho g) \rightarrow 0$,两相不会因为密度差而产生相间流动。而分子间力,如表面张力,将会起主导作用,液体团聚,不得伸展,相间传递失去两相充分接触的前提条件,从而导致相间质量传递效果很差,分离无法进行。反之,"g"越大,$\Delta(\rho g)$越大,流体相对滑动速度也越大。巨大的剪切应力克服了表面张力,可使液体伸展出巨大的相际接触界面,从而极大地强化传质过程。这一结论导致了"HIGee"的诞生,并迅速引起工业界的重视。

20 世纪末 70 年代末至 80 年代初,ICI 陆续提出被称为"HIGEE"系列的多项专利。利用旋转填料床中产生的强大离心力——超重力,使气、液的流速及填料的比表面积大大提高而不液泛。液体在高分散、高湍动、强混合以及界面急速更新的情况下与气体以极大的相对速度在弯曲孔道中逆向接触,极大地强化了传质过程。传质单元高度降低了 1 ~ 2 个数量级,并且显示出许多传统设备所完全不具备的优点,从而使巨大的塔器变为高度不到 2 m 的超重机。因此,超重力技术被认为是强化传递和多相反应过程的一项突破性技术,并被誉为"化学工业的晶体管"和"跨世纪的技术"

1981 年,ICI 公司 Ramshaw 教授申请了世界上第一个填料式超重力床专利,在之后的几年时间(1981—1983 年)连续提出了名为 HIGEE 新技术的多项专利。

超重力技术的出现,对传质过程的强化可以说是一个质的飞跃,20 世纪 80 年代以来,人们开始意识到这项技术在化工领域具有广阔的应用前景。世界上许多大的化学公司都在超重力技术进行开发研究,并进行了一定的中试或工业化运行,已有多个加压、常压、负压装置在运行,包括进行吸收、解吸、萃取、精馏等操作及实验,并在工程化方面有一定程度的进展。

英国 Newcastle 大学、美国 Case Western Reserve 大学、美国得克萨斯大学奥斯汀分校(University of Texas at Austin,UT-Austin)大学和美国 Washington 大学在超重力装置的研究开发中处于世界先进水平。

1983 年,ICI 公司报道了工业规模的 HIGEE 装置平行于传统板式塔进行乙醇和异丙醇与苯和环己烷分离,成功运行了数千小时,肯定了这一新技术的工程和工艺可行性。

1984 年,美国专门从事塔器与塔填料制造,并占有世界重要市场的 Glitsch 公司购买了 ICI 公司的 HIGEE 专利,并成立了专门的 HIGEE 研究开发中心,进行了大量研究,并与 Case Western Reserve 大学、Washington 大学(密苏里州)、UT-Austin 州立大学以及专门从事气体处理的 Fluor Daniel 公司及气体研究院等建立了合作研究关系。在能源部大力资助下先后耗费了数千万美元对多种系列进行了小试、中试和工业示范装置的科学实验研究,取得了长足的进展。

1985 年,美国海岸警卫队建立了第一套用于脱除地下污水挥发组分的超重力装置,从被污染的地下水中分离出苯、甲苯,由含量 200 μk/kg 和 500 μk/kg 脱除到 1 μk/kg 左右,该装置成功运行了 6 年。

1987 年,美国 Fluor Daniel 公司在新墨西哥州的 EL Paso 天然气公司建立了利用二乙醇胺对含有 H_2S 和 CO_2 的天然气进行选择吸收 H_2S 的超重力装置。

1987 年 7 月,Glitsch 公司在路易斯安那州进行了在不含 H_2S 的气体中利用二乙醇胺吸收 CO_2 和用三甘醇进行天然气干燥两项实验,并都获得了成功。

1989 年 Glitsch 公司宣称,购买一台 HIGEE 装置可代替 50 英尺塔高,相当于 30 块塔板,是用于对传统塔改造,提高产品质量的最经济有效途径。

美国 Case Western Reserve 大学的 N. C. Gardner 教授从 1984 年开始,先后在 Norton 公司、Dow Chemical 公司支持下对烟气脱硫和聚合物脱单体进行研究。Martin 与 Martelli 使用旋转填料床(rotating packed bed,RPB)与传统蒸馏塔连接,采用网状金属填充物,对环己烷和正庚烷分离系统进行测试。郝靖国在美国 Case Western Reserve 大学 N. C. Gardener 教授的指导下进行了旋转填料床脱除聚苯乙烯中残留单体的研究。英国 Newcastle 大学的 Colin Ramshaw 教授领导的小组,多年一直致力于海水脱氧的研究。Dow Chemical 公司于 1999 年开发了以旋转填料床制备次氯酸的工艺。

另外,国外对超重力技术的应用研究主要在下述方面:①蒸馏、精馏;②环保中的除尘、除雾,烟气中 SO_2 及有害气体的去除,液-液分离,液-固分离;③吸收,对天然气的干燥、脱碳、脱硫,对 CO_2 的吸收;④解吸,从受污染的地下水中吹出芳烃、化学热(吸收解吸);⑤旋转电化学反应器及燃料电池(快速去除气泡,降低超电压);⑥旋转聚合反应器;⑦旋转盘换热器、蒸发器;⑧聚合物脱除挥发物;⑨生物氧化反应过程的强化,传统的生化反应在发酵罐中进行。

国内对于超重力技术的应用研究起步相对较晚,但也取得了显著的成果,主要应用在油田注水脱氧、制备纳米材料、强化除尘过程、强化生化反应过程和精馏等方面。在 1985 年以前对超重力工程技术研究基本属于空白。

1983 年,汪家鼎院士在国内化学工程会议上介绍了 ICI 所开发的这项新技术的情况。

1984 年,北京化工大学与美国 Case Western Reserve 大学就超重力工程技术的研究开发确定了合作意向

1988 年,北京化工大学郑冲教授与美国 Case Western Reserve 大学合作,开始进行旋转填料床的应用。该项目得到化工部和国家科委的高度重视和大力支持,经论证,被列为国家八九年度和"八五"重点科技攻关项目,也得到了中国自然科学基金委的支持。

1990 年,北京化工大学建成我国第一个超重力工程技术研究中心并开展了一系列的创新性研究工作;多年来,在超重力技术的基础和应用研究方面取得了多项国家专利。同时国内其他高校如浙江工业大学、华南理工大学、天津大学等高校也对该技术相继进行了开发研究,并取得了显著的成效。

2001 年,浙江工业大学计建炳等教授申请了名为折流式超重力场旋转床装置的专利,于 2004 年 11 月得到授权,将超重力工程技术精馏方面的应用推向了一个新的高度;接着浙江工业大学逐步申请了数个发明专利和实用新型专利;而后国内市场出现了多家生产超重力精馏机的公司。

经过数十年的发展,国内在超重力领域的研究和应用越来越广泛。国内研究超重力的科研团队以北京化工大学教育部超重力工程研究中心和中北大学超重力化工过程山西省重点实验室为核心,其中北京化工大学教育部超重力工程研究中心已经发展为独具特色的以超重力化工过程强化、超重力纳米材料制备、超重力强化化学反应过程为核心的化工过程强化研究中心,中北大学超重力化工过程山西省重点实验室形成了以超重力分离工程为特色的化工过程强化研究中心。

7.2　超重力技术特性

7.2.1　超重力设备

超重力设备中的旋转填料床,其基本原理是利用高速旋转的填料产生离心场,模拟超重力状态。超重力设备基本结构如图7.1和7.2所示。

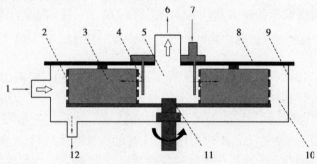

图 7.1　超重力反应器主要结构示意图

1—气体进口;2—填料支撑;3—填料;4—液体分布器;5—内空腔;6—气体出口;
7—液体进口;8—上盖;9—外壳;10—外空腔;11—转轴;12—液体出口

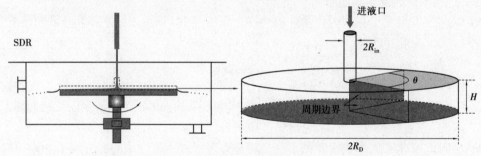

图 7.2　超重力设备基本结构

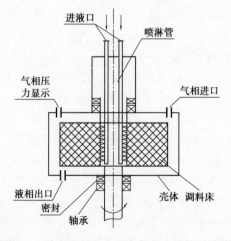

图 7.3　并流式超重力反应器基本结构示意图

从图 7.3 可以看到,超重力反应器核心部分就是一个转子,这个转子一般是填料或者直接就是圆盘。运行的时候转子高速旋转,转数可以达到几千转。在高速旋转过程中,液体在填料内被拉成非常薄的液膜同时顺着填料高速移动,与此同时气体穿过填料层与液体快速接触完成气液交换过程。为什么称为超重力反应器呢? 主要的原因就是反应器通过高速旋转产生离心力,这个离心力的强度是重力的几百倍。而很多的气液接触过程,比如说填料精馏或者是吸收,它们的效率大概与重力的 0.7 次方成正比。因此通过填料旋转可以几十倍地提高气液接触效率。

超重力反应器的优点有以下几点:首先

①气液接触效率高,是目前已知整体气液接触效率最高的设备,远高于微通道反应器与喷射反应器。

②气液接触过程不伴随混合,通过原理介绍我们可以看出超重力系统中的气液接触气体与液体是逆流或者并流的。

③气液接触强化是通过加大气液接触表面积以及界面扰动进行的,没有一个强制混合的趋势。

基于以上特点,超重力设备就可以用于精馏或者气体解吸了,应用范围又比喷射式反应器广泛。实际上超重力最经典的应用就是用在精馏上,可以把一套十几米高的精馏塔,变成一个 1 ~ 2 m 高的精馏机,大大降低土建成本。

当然超重力系统的局限性也是存在的,主要问题有几个方面:

①超重力本质上是一个绝热过程,流体经过超重力系统的时间非常短暂。同时由于超重力系统的特殊结构,无法在内部做换热结构。最后的结果就导致流体在经过超重力反应器时,反应或者吸收过程的热量无法移除,必须在后续过程中进行处理,因此超重力做反应器限制比较大,不适宜放热过强且放热对产物纯度有影响的反应。

②超重力系统结构复杂,驱动填料的旋转会产生能耗,最重要的是电机带动旋转床以几千转的速度旋转,那么就一定存在转动密封的问题,截至目前,超重力反应器仍然不适宜高温高压过程。

③在实际应用方面超重力技术方面目前来说稍微有点尴尬,做反应的话限制非常多。适用范围上类似一个单程式的喷射反应器,但是结构上远比喷射反应器复杂。用于吸收过程有优势但是相对于其他的吸收设备优势并非特别明显。而且在化工过程中,吸收过程远没有反应过程重要,各个厂家都倾向于用其他设备凑合一下,哪怕设备体积稍微大一点也是可以接受的。

超重力技术最有可能的突破口还是在精馏方面,超重力精馏相对于普通精馏塔还是有一些优势的:

①设备体积小,为了达到精馏分离效果一般要求精馏塔有一定高度,但是超重力系统由于气液过程强化,要求的填料层非常少,这样一来设备体积就能小非常多。

②超重力系统可以处理小批量体系,常规精馏塔有个特点,那就是分离能力与塔高有关,处理量与塔径有关。如果处理量变小了,塔径可以变小,但塔高变不了太多。处理量小的情况下常规精馏塔就会变成一根细长的塔,这种塔设计加工都很头疼,超重力系统就没有这个问题。

③开停车方便,由于结构问题,超重力设备的填料量比较小,因此用少量的物料就可以开

启,特别是精细化工行业中往往有一塔多用的情况,经常用一个间歇塔处理多个物料,常规精馏塔反复开停车非常麻烦,这种情况实际上超重力设备更合适。

④超重力精馏操作弹性更大,在流体力学方面优势更明显,设备中液泛等现象影响较少。另外可以通过调节转速使精馏过程在不同的气液比下进行,甚至能通过转速调节改变理论塔板数。

这样一来,一台设备相对而言可以处理更多种类的物料,整体而言较为灵活。而常规精馏塔一旦设计完成,设备的处理量与分离能力就基本确定了,设备的通用性较差。

总体而言,超重力设备是目前气液接触效率最高的设备,可以用于化学反应,精馏以及吸收过程。但用于化学反应还是要解决复杂工况下的适应性问题。单纯让气体或者液体保持比较好的接触或者混合并不难,但是要让这套设备在苛刻的工况下运行,这个就是一个挑战,是一个系统性的问题。当然作为气液过程还有一些其他手段,或者一些折中方案。

7.2.2　RPB 内流动现象及描述

超重力反应器内高湍动情况下的混合情况如图 7.4 所示。研究表明缩合反应过程包含多种副反应,且反应速率较快,如果缩合反应局部物料混合不均,将会导致目标产物与其他物质反应,也会导致局部酸或碱浓度不均,诱发副反应,降低选择性。

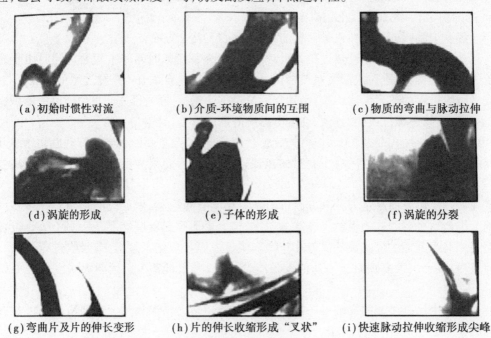

(a)初始时惯性对流　　　(b)介质-环境物质间的互围　　　(c)物质的弯曲与脉动拉伸

(d)涡旋的形成　　　(e)子体的形成　　　(f)涡旋的分裂

(g)弯曲片及片的伸长变形　　(h)片的伸长收缩形成"叉状"　　(i)快速脉动拉伸收缩形成尖峰

图 7.4　超重力反应器内高湍动情况下的混合情况

7.2.3　超重力技术优势

超重力技术的优势主要体现在以下几点:

(1)反应速率加快

超重力反应器利用离心力加速分子间的碰撞,提高化学反应的速率,相比传统反应器反应速率可以提升几十倍,甚至上百倍。

（2）反应物利用率提高

超重力反应器可以让反应物分子更加充分地接触，增加了反应物利用率，减少了废料的生成，提高了反应效率。

（3）适用性广泛

超重力反应器可以应用于多种化学反应，包括有机合成、催化反应、离子交换等。

（4）设备简单

超重力反应器不需要复杂的设备和仪器，只需要一个旋转的容器即可完成反应过程。同样的反应量，超重力反应器相比传统反应器的空间和设备成本也更低。

（5）环境友好

超重力反应器可以降低化学反应的温度和压力条件，减少能源消耗和废料生成，更环保。这些优势使得超重力反应器在未来的化学反应研究和应用中具有广泛的应用前景。

7.2.4　超重力技术应用场景

1）在工业催化中的应用

化工生产过程中许多产品的生产（约80％）都是在催化条件下进行的，没有催化反应就没有今天的化学工业。因此，开发适用于不同目的的催化反应器具有十分重要的实用价值。催化反应可分为均相催化反应和非均相催化反应，包括气-液反应（催化剂溶于液体中）、气-液-固反应、气-固反应等。不论是何种催化反应传质过程的快慢不仅会影响反应速率，还将显著影响反应物料在反应器内的停留时间分布，进而影响反应过程的选择性和产品收率。超重力技术的突出特点是可以使传质过程得到极大强化，其传质效率可以达到填料塔或固定床反应器的几十倍至上百倍。将超重力反应器用于受传质过程影响显著的催化反应过程，可显著提高反应速率和反应过程的选择性，降低后续工序的分离提纯负荷，大幅度减小反应器体积和催化剂用量，节约操作费用，实现资源、能源的高效利用，为传统产业的转型升级提供技术支持和解决方案，故超重力催化反应强化将是未来的重要发展方向。

2）在聚合反应过程中的应用

合成高分子材料的出现，开辟了化学工业的新纪元。生产高分子材料的核心过程无疑是聚合反应过程。

常见的聚合反应类型有自由基聚合、阳离子聚合、阴离子聚合、缩聚等，这些反应过程大多属于快速强放热反应，由于超重力反应器具有极大强化传递和分子混合过程的优势，因此超重力技术的发展将为聚合反应技术的进步带来新的契机。

采用超重力设备为反应器，可以在极短的时间内快速混合单体和引发剂，控制反应局部环境浓度和温度的均匀性，实现对分子量和分子量分布的有效调控。对于强放热反应，可以通过物料的外部循环移热实现对反应系统温度的严格控制。对温度波动范围要求极为苛刻的快速聚合反应过程，可以在反应介质中加入惰性溶剂，通过惰性溶剂的相变气化快速移热实现恒温反应。另外，由于超重力反应器具有良好的自清洁功能，可将其用于一些可能产生微小颗粒或有沉淀析出的聚合反应。

3）在化工生产本质安全工艺和流程再造中的应用效益双丰收

化学反应是化学工业的核心，大约90％的化工生产过程与反应有关。许多危险化学品的生产过程具有高温高压、易燃易爆、有毒有害等特点，因生产操作不规范、管理不到位、处置措施不得当,很容易发生安全环保事故。研究表明,本质安全化是消除事故的最佳方法,本质安全化的基本策略包括危害物质的最小化、高危物质的替代化、剧烈反应的温和化以及过程工艺的简单化等,这正好与20世纪90年代兴起的过强化的理念相契合。目前,国际上反应器强化技术主要涉及改变反应器内部流动结构实现反应器强化。利用外场强化作为一种典型的过程强化技术,超重力技术已经在MDI生产的缩合反应、反应过程、通过集成与反应有关的过程实施强化。己内酰胺生产的贝克曼重排反应等反应过程实现工业应用,展现出降耗增效的显著成果。另外,多年的工艺研究结果表明,对于硝化、磺化、缩合、氧化、重氮化、氯化、溴化等快速反应过程,超重力反应强化技术均展现出良好的应用前景。针对现有化学品生产过程,尤其是染料、医药中间体等精细化学品的生产程中存在的流程长、间歇操作、人力需求多、安全风险高、效率低等问题,以超重力反应器为核心,开发本质安全的超重力反应强化新工艺,并结合自动化技术、智能化技术、系统工程等的综合应用,进行化工生产过程的流程再造,可实现生产过程的连续化和本质安全化,为化工行业的安全环保提供技术支撑。

　　4)在纳米材料及纳米分散体制备中的应用

　　纳米材料和纳米技术是21世纪国际前沿热点之一,应用领域广泛。目前,纳米颗粒已经在一些领域获得应用,并展现出良好的应用效果。然而,在纳米材料制备和应用中仍面临一些难题,其中的关键科学或技术问题主要包括两个方面:一是纳米颗粒的稳定可控制备,二是纳米材料的高(单)分散和低成本生产。单分散米颗粒材料是近十多年来纳米材料研究过程中发展出的新一代纳米材料,其颗粒均匀、无团聚,分散在溶剂中可形成具有良好透明性的纳米分散体,比传统的纳米粉体材料更易于在聚合物中分散和应用,从而展现出更优异的性能,是制备高性能无机纳米复合材料的重要中间体,是纳米材料的重要发展方向。

　　在超重力反应结晶法制备纳米粉体研究工作基础上,北化超重力团队提出了超重力反应结晶-萃取分离合新方法,即"超重力+"法可控制备透明纳米分散新技术,并取得了初步进展。未来,应进一步围绕终端应用需求,开展应用导向型的"超重力+"法可控制备系列化、高稳定、高固含量功能纳米颗粒透明分散体的研究,包括金属、氧化物、硫化物、氢氧化物、其他无机化合物及有机体系等,形成规模化可控制备的平台性技术,并进一步拓展纳米分散体的应用领域,实现更多的工业应用。从目前的研究工作来看,纳米分散体在3D印刷打印、柔性显示等电子信息、柔性太阳能电池等新能源、可穿戴柔性电子器件等生物医用、拟均相催化等工业催化,以及航空航天等领域具有重要的应用前景。

　　从长远发展角度,为继续保持我国超重力技术的国际领先地位,一方面要从基础研究着手,基于分子化学工程新理念,在超重力反应器内微纳尺度的"三传一反"规律方面展开深入研究,结合微纳反应流体原位观测与分析方法,研究微纳结构的形成、运动及演变的规律,微纳分散单元的聚并和形变等行为的控制机制,阐明对流动-传递-反应行为的影响和规律,以指导超重力反应器核心构件的结构设计与优化;另一方面要结合3D打印等先进制造技术,针对极限、极端条件下反应过程的特殊需求,创制专用高孔隙、高强度填料及特殊内构件,实现超重力装备集约化、轻量化、模块化,为超重力反应器在更多领域的应用奠定科学和物质基础,同时,应进一步拓宽超重力技术研究范围,如研究高超重力环境(>1 000 g)和多自由度下超重力反应器内流体力学行为及过程强化机制,为开发面向空间受限的海洋工程、极端环境下生命保障系统等方面应用的超重力强化新技术提供理论基础,实现超重力强化技术在更多、更广领域的应用。

综上所述,超重力技术在诸多工业领域都有广阔的应用前景,特别是一些通过常规方法难以做到的所谓"困难"的过程或场合,如高黏度、气液比高、液液比高、复杂快速反应、海洋平台及现有工程装置升级改造等。特别是还可通过结合微波、超声波、电场、等离子体等技术手段,进一步拓展超重力反应强化的适用领域。可以预言,随着对超重力技术研究与认识的不断深入,超重力过程强化技术必将在实现资源、能源高效利用,节能减排绿色化,传统产业转型升级,满足国家向科技强国迈进的战略需求等方面,发挥更大的、更具深远意义的作用。

7.3　强化混合过程

7.3.1　液液混合

液-液反应是指液体与液体间进行的化学反应,在化工、制药、能源等流程工业中应用非常广泛,包括聚合、缩合、磺化、卤化、烷基化、酰胺化、贝克曼重排等。对于液-液反应,若反应的本征速率大于或接近分子混合速率,在混合尚未达到分子尺度的均匀以前,反应已经完成或接近完成。这种局部非均匀状态严重影响产物的分布和反应的稳定性,是工业放大过程产生"放大效应"的主要根源。本章阐述了超重力反应器分子混合和模型化研究成果、超重力强化液-液反应过程的原理及工业应用案例。

1)分子混合的概念与显微可视化

工程上常将混合划分为宏观与微观两个尺度。宏观混合是指大尺度(装置尺寸)上的均匀化过程,一般用流体对流和湍流扩散去描述。而微观混合则是指分子尺度上的局部均匀化过程(下文统一称为"分子混合")。分子混合一般指物料从湍流分散后的最小微团(Kolmogorov 尺度)到分子尺度上的均匀化过程,对低黏流体,一般为 $1 \sim 10$ μm。分子混合的研究有其特殊的理论意义。在如此细小的微纳尺度上,通过分析搅拌釜中分子混合过程照片,可以得出分子混合由以下步骤组成:

①湍流分散:此阶段大尺度的涡团借助于涡度和脉动对流的作用分裂成小尺度的封闭环状曲片、半封闭层状曲片或片状结构的细观微团,在高湍流强度下将以片状结构为主,此时在介质与环境物质接触的界面处有少量的分子扩散与化学反应。

②黏性伸长变形:微团在黏性对流的作用下伸长或拉伸变形成片状或卷片状结构,伸长变形的方向是随机的。因此,片的长度、宽度及厚度均不均匀,且片间可交杂掺混,此阶段在两种介质接触面附近有较多的分子扩散与化学反应,但未占主导地位。

③分子扩散:片状结构的微元进一步伸长、变薄,大大促进了分子扩散。

2)超重力反应器分子混合模型

在超重力反应器中,由于旋转填料的分散作用,液体是分散相,不符合涡旋卷吸模型,而与 Curl 提出的聚并-分散模型的物理过程相符。该模型将流体分为众多不相溶的聚集体,通过聚集体两两之间的碰撞、聚并、再分散来实现混合过程。为此,向阳等提出了一个以聚并-分散模型为基础,耦合层状扩散模型来描述超重力反应器内液体流动、混合和反应过程的分子混合模型,即聚并分散-层状扩散超合模型。该模型反映了在分子混合控制区域内转速及流量对离集指数的影响规律。当液体微元被填料捕获时,发生两两聚并分散从而导致混合,如图 7.5

所示。

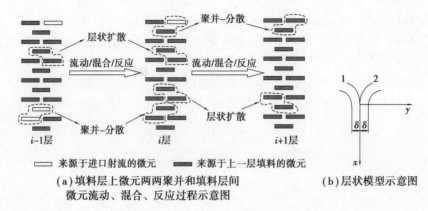

（a）填料层上微元两两聚并和填料层间
微元流动、混合、反应过程示意图

（b）层状模型示意图

图 7.5　聚并分散-层状扩散超合模型

3）超重力缩合反应强化及工业应用

缩合反应是两个或两个以上有机分子相互作用后以共价键结合成一个大分子并常伴有失去小分子（如水、氯化氢、醇等）的反应。缩合反应可以通过取代、加成、消去等反应途径来完成。例如羟醛缩合反应、克莱森缩合反应、珀金缩合反应、苯偶姻缩合反应、斯托贝缩合反应等，其中最为常见的是羟醛缩合反应。

羟醛缩合反应在工业上具有十分广泛的应用，在有机合成反应上可以利用羟醛缩合反应来增长碳链。新戊二醇、丙二醇等一些 β-羟基化合物通常由分子之间的缩合反应来合成，并可作为香料生产、药物等多聚物或高聚物合成的原料。羧酸也是通过羟醛缩合反应再氧化后得到的，它们广泛用于聚酯、光敏树脂和液晶的制备产业、食品加工业和其他日化香精产业。另外，α,β-不饱和醛通过加氢反应后可以生成饱和伯醛，在合成洗涤剂、增塑剂等方面具有广泛的应用。

羟醛缩合反应是在缩合剂的催化作用下，含有活性 α-H 的酮、醛等化合物与醛或酮等化合物进行亲核加成，从而得到 β-羟醛或者酸。在受热条件下，β-羟醛或者酸可以继续脱水，形成 α,β-不饱和醛酮以及酸酯等。以上反应就是羟醛缩合反应，或者又可以称为醛醇缩合反应。通过羟醛缩合反应，可以形成新的 C—C 键，使碳链增长。分子之间的羟醛缩合反应有两种情况，醛或者酮自身缩合反应和醛酮之间交叉缩合反应。其中，酮与不含有 α-H 醛之间发生的交叉缩合反应应用比较广泛。2-庚酮是丁醛与丙酮缩合、脱水加氢后的产物，它在涂料工业中应用较多在不同催化剂下，羟基醛缩合机理略有不同。

7.3.2　超重力工业应用

二苯基甲烷二异氰酸（MDI）是聚氨行业的主要原料之一。MDI 和聚醚或聚酯多元醇等在催化剂、发泡剂的作用下发生反应，能够制得各种聚氨酯高分子材料，可广泛用于生产聚氨加硬质与半硬质泡沫塑料、保温隔热材料、合成纤维（氨纶）、黏结复合弹性体。

鉴于 MDI 缩合反应是个典型的分子混合控制的复杂反应，北化超重力团队与烟台/宁波万华化学有限公司合作，提出了超重力反应器强化缩合反应的新思想，替代原文丘里射流混合反应器工艺，以最大限度地抑制副产物杂质的生成，从本质上防止管路的堵塞。由此，研究发明了超重力缩合反应强化新工艺，如图 7.6 所示，研制了 1000 t/年中试反应器，并进行了工业侧线试验,结果表明,采用新工艺后缩合反应进程加快近 1 倍,主要杂质含量下降了 70%。

图 7.6　超重力技术应用与 MDI 工业化生产线

在工业侧线试验基础上,进行了工业规模超重力缩合反应器的开发、结构设计与研制,并开展工艺条件研究及过程模拟优化,成功实现了工业应用。工业运行结果表明,与原反应器工艺相比,其缩合反应进程加快 100% ,3 条生产线改造后的总产能从原 64 万 t/年提升到 100 万 t/年,产品杂质含量降约 30% ,产品质量超越跨国公司质量水平。经与新型光气化反应等技术系统集成优化后,单位产品能耗降低约 30% 。

7.3.3　超重力磺化反应强化及工业应用

在石油的开采过程中,根据开采方式可以分为:

①一次采油,依靠天然压力不借助外界压力将石油顶出来,采收率较低,依靠世界最先进的技术才能达到 50% 左右。

② 二次采油,借助外界压力(注入气体或液体)增加油藏压力,将油挤出来,采收率通常为 20% ~50% ;虽然这种借助外力的物理方式可以提高采收率,但储层中还存在 60% ~70% 的原油。据统计,若采收率提高 1% ,就相当于国内的一个玉门油田,若采收率提高 5% ,就相当于找到了一个克拉玛依的油田,因此,提高采收率是石油开采的重中之重。

③三次采油(enhanced oil recovery, EOR)技术已经被发展。EOR 是利用化学手段,将油矿缝隙中残留的石油洗出来,以提高采收率的一种方法。三次采油方法主要包括:热力驱、混相驱、化学驱及一些其他技术,在这些技术中,化学驱最具应用前景。化学驱是指加入化学药剂来改善驱替流体与原油和岩石之间的界面性质,改变岩石的亲/疏水性,降低油水界面张力,提高采收率的一种方法。化学驱包含碱驱、聚合物驱、表面活性剂驱,其中表面活性剂驱能显著提高采收率,应用最为广泛。表面活性剂驱过程所用的表面活性剂可分为阴离子、阳离子、非离子、两性以及生物表面活性剂。阴离子表面活性剂是应用范围最广的一类表面活性剂。石油磺酸盐,作为一种阴离子表面活性剂,具有界面活性强、成本低、与原油配伍性好等优点,被广泛地应用于三次采油过程中。目前,石油磺酸盐作为三次采油的表面活性剂应用于胜利油田和新疆油田。

石油磺酸盐主要由原油及其馏分油与磺化剂发生磺化反应后,经中和得到。磺化反应为强放热的快速反应,以 SO_3 为磺化剂时,此过程的反应热为 150 ~170 kJ/mol,因此,如何稳定地控制反应体系温度和强化传质是关键问题。石油磺酸盐合成工艺分为釜式磺化和膜式磺化。在釜式磺化工艺中,磺化剂为液相,由于釜式反应器(间歇釜式反应器和罐组式反应器)存在混合不均匀、返混严重、停留时间长等问题,易导致副反应发生,存在过磺化、结焦、放大困难等问题。另外,由于磺化反应属于放热反应,需要引入有机溶剂稀释,以控制反应速率,但是会增加溶剂回收过程,导致工艺复杂和成本增加等问题。在膜式磺化工艺中,磺化剂为气相,因其工艺简单而被广泛应用于工业生产。液体物料在管壁形成一层液膜与气体 SO_3 自上而下以并流方式流入膜式反应器,发生气液传质并发生磺化反应,随着反应的进行,液相的黏度急剧增加,液膜厚度增加,导致液相内传递受限,易出现过磺化、结焦等问题;由于在膜式反应器存在严重的结焦现象,影响正常工业生产和产品的性能,不得不停产清理,影响工业连续生产和生产效率。

超重力反应器可以极大强化传质和混合过程,特别适用于快速反应体系和高黏体系。胜利油田某公司建设了产能为 1 000 t/年的超重力反应强化工程技术:石油磺酸盐工业示范线(图7.3)。该示范线成功完成了开车和工业试验,驱油用石油磺酸盐表面活性剂产品性能优异。

图 7.7　超重液相石油磺化工业示范线

7.4　强化反应过程

将超重力技术应用于受传质速率限制的多相催化反应过程,构建超重力多相催化反应器。有望提高宏观反应速率,从而提高反应器性能和效率。此外,对于相同处理量的多相催化过程,HMCR 可显著减小反应器体积和系统中物料的储量,提高催化反应过程的本质安全性。

炼厂液化气脱硫醇后的废碱液(又称碱渣,主要成分为氢氧化钠)是一种固废。如果可将碱渣再生,则可以大幅缩减采购新碱液和处理废碱液的双重成本。通常采用空气中的氧气与碱渣中的硫醇钠反应,生成新的氢氧化钠循环利用,催化剂为完全溶解于氢氧化钠溶液的磺化钛氰钴。分析此过程,氧气传递到液相的传质速率为氧化反应的速控步骤。基于此,北京化工大学与中国石油石油化工研究院合作,利用超重力反应器良好的传质性能,实现碱液氧化再生循环利用。Zhan 等以乙硫醇钠的催化氧化过程为代表,开展动力学实验得到其动力学数据,构建了超重力反应器数学模型,成功用于超重力反应器的设计与放大,成功实现了超重力气液催化反应器在炼厂液化石油气脱硫醇氧化再生过程的工业应用。与美国某公司的 M 技术对比,超重力反应器的体积仅约为其 1/20,占地面积约为其 1/13,系统能耗降低 30%(图7.8、图7.9 和表7.1)。

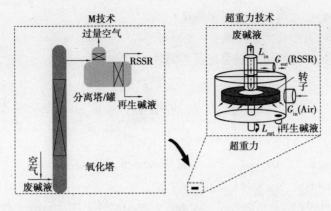

图 7.8　超重力技术与 M 技术的对比

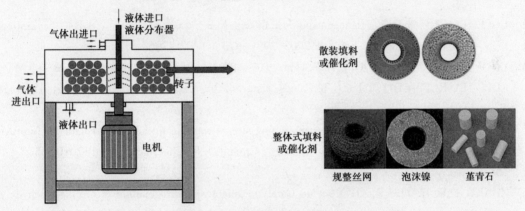

图 7.9　超重力反应器转子填料图

表 7.1　超重力技术与 M 技术对比表

项目	超重力技术	美国某公司的 M 技术	备注
单元数	单台 RPB	氧化塔+分离塔罐	
体积	φ1.2 m×2 m	塔 φ1.4 m×17.5 m 罐 φ2 m×6.5 m	约 1/20
面积/m²	1.1	14.5	约 1/13
转化率	>95%	—	
能耗/kg EO/t	1.63	2.33	下降约 30%
固废排放	碱渣近零排放	碱渣 750 t/年	
运行周期	4 年未停机	建成后未能正常运行,已停用	

思考题与课后习题

1. 超重力技术利用的原理是什么?

2. 超重力技术为什么可以进行过程强化?
3. 超重力技术的典型优势是什么?
4. 超重力强化技术主要可以应用在哪些场景?

参考文献

[1] HAGEN J. Industrial Catalysis:A Practical Approach,Second Edition[M]. Weinheim :Wiley-VCH Verlag GmbH & Co. KGaA,2005.

[2] BAKER R T, TUMAS W. Toward greener chemistry [J]. Science, 1999, 284 (5419): 1477-1479.

[3] COLE-HAMILTON D J. Homogeneous catalysis: New approaches to catalyst separation, recovery,and recycling[J]. Science,2003,299(5613):1702-1706.

[4] COLE-HAMILTON D J,TOOZE R P. Homogeneous catalysis—Advantages and problems[M]// COLE-HAMILTON D J, TOOZE R P, eds. Catalysis by Metal Complexes. Dordrecht:Springer Netherlands,2006:1-8.

[5] JIAO W Z,LIU Y Z,QI G S. A new impinging stream-rotating packed bed reactor for improvement of micromixing iodide and iodate [J]. Chemical Engineering Journal, 2010, 157(1): 168-173.

[6] ZHANG Y K,LIAO S J,XU Y,et al. Catalytic selective hydrogenation of cinnamaldehyde to hydrocinnamaldehyde[J]. Applied Catalysis A:General,2000,192(2):247-251.

[7] 郑宏杰,李敏,徐斌,等. 水-有机两相体系中钌络合物催化肉桂醛选择性加氢反应研究 [J]. 化学研究与应用,2005,17(2):183-185.

[8] POLSHETTIWAR V, VARMA R S. Green chemistry by nano-catalysis[J]. Green Chemistry, 2010,12(5):743-754.

[9] COPÉRET C,CHABANAS M,PETROFF SAINT-ARROMAN R,et al. Homogeneous and heterogeneous catalysis:Bridging the gap through surface organometallic chemistry[J]. Angewandte Chemie (International Ed in English),2003,42(2):156-181.

[10] CARPENTIER J F,PETIT F,MORTREUX A,et al. Palladium-catalyzedcarbon—Carbon bond formation from (η6-chloroarene)Cr(CO)$_3$ complexes an example of bimetallic activation in homogeneous catalysis[J]. Journal of Molecular Catalysis,1993,81(1):1-15.

[11] MIZUNO N,MISONO M. Heterogeneous Catalysis [J]. Chemical. Reviews, 1998, 98(1): 199-218.

[12] NERI G,BONACCORSI L,AND L M,et al. Kinetic analysis of cinnamaldehyde hydrogenation over alumina-supported ruthenium catalysts[J]. Industrial & Engineering Chemistry Research, 1997,36(9):3554-3562.

[13] WANG H,SHU Y Y,ZHENG M Y,et al. Selective hydrogenation of cinnamaldehyde to hydrocinnamaldehyde over SiO$_2$ supported nickel phosphide catalysts[J]. Catalysis Letters,2008, 124(3):219-225.

[14] FOUILLOUX P. Selective hydrogenation of cinnamaldehyde to cinnamyl alcohol on Pt-co and Pt-Ru/C catalysts[M] //Heterogeneous Catalysis and Fine Chemicals, Proceedings of an International Symposium. Amsterdam: Elsevier, 1988: 123-129.

[15] TESSONNIER J P, PESANT L, EHRET G, et al. Pd nanoparticles introduced inside multi-walled carbon nanotubes for selective hydrogenation of cinnamaldehyde into hydrocinnamaldehyde[J]. Applied Catalysis A: General, 2005, 288(1/2): 203-210.

[16] LIN W W, CHENG H Y, HE L M, et al. High performance of Ir-promoted Ni/TiO$_2$ catalyst toward the selective hydrogenation of cinnamaldehyde[J]. Journal of Catalysis, 2013, 303: 110-116.

[17] HU Q M, WANG S, GAO Z, et al. The precise decoration of Pt nanoparticles with Fe oxide by atomic layer deposition for the selective hydrogenation of cinnamaldehyde[J]. Applied Catalysis B: Environmental, 2017, 218: 591-599.

[18] MUNOZ M, PONCE S, ZHANG G R, et al. Size-controlled PtNi nanoparticles as highly efficient catalyst for hydrodechlorination reactions[J]. Applied Catalysis B: Environmental, 2016, 192: 1-7.

[19] SESHU BABU N, LINGAIAH N, SAI PRASAD P S. Characterization and reactivity of Al$_2$O$_3$ supported Pd-Ni bimetallic catalysts for hydrodechlorination of chlorobenzene[J]. Applied Catalysis B: Environmental, 2012, 111: 309-316.

[20] TANG Y C, YANG D, QIN F, et al. Decorating multi-walled carbon nanotubes with nickel nanoparticles for selective hydrogenation of citral[J]. Journal of Solid State Chemistry, 2009, 182(8): 2279-2284.

[21] SINGH S K, XU Q. Bimetallic Ni-Pt tnanocatalysts for selective decomposition of hydrazine in aqueous solution to hydrogen at room temperature for chemical hydrogen storage[J]. Inorganic Chemistry, 2010, 49(13): 6148-6152.

[22] ZHAO Y, BAEZA J A, KOTESWARA RAO N, et al. Unsupported PVA and PVP stabilized Pd nanoparticles as catalyst for nitrite hydrogenation in aqueous phase[J]. Journal of Catalysis, 2014, 318: 162-169.

[23] LOPEZ-SANCHEZ J A, DIMITRATOS N, HAMMOND C, et al. Facile removal of stabilizer-ligands from supported gold nanoparticles[J]. Nature Chemistry, 2011, 3(7): 551-556.

[24] BRATLIE K M, LEE H, KOMVOPOULOS K, et al. Platinum nanoparticle shape effects on benzene hydrogenation selectivity[J]. Nano Letters, 2007, 7(10): 3097-3101.

[25] GUO Y Y, DAI C N, LEI Z G. Hydrogenation of 2-ethylanthraquinone with monolithic catalysts: An experimental and modeling study[J]. Chemical Engineering Science, 2017, 172: 370-384.

[26] SHANG H, ZHOU H J, ZHU Z H, et al. Study on the new hydrogenation catalyst and processes for hydrogen peroxide through anthraquinone route[J]. Journal of Industrial and Engineering Chemistry, 2012, 18(5): 1851-1857.

[27] 桑乐,罗勇,初广文,等. 超重力场内气液传质强化研究进展[J]. 化工学报, 2015, 66(1): 14-31.

[28] DUDUKOVIC M P，LARACHI F，MILLS P L. Multiphase reactors-revisited[J]. Chemical Engineering Science，1999，54(13/14)：1975-1995.

[29] VAN DER LAAN G P，BEENACKERS A A C M，KRISHNA R. Multicomponent reaction engineering model for Fe-catalyzed Fischer-Tropsch synthesis in commercial scale slurry bubble column reactors[J]. Chemical Engineering Science，1999，54(21)：5013-5019.

[30] 徐勋达. 鼓泡塔内气液固三相流数值模拟[D]. 武汉：江汉大学，2017.

[31] 李向阳，杨士芳，冯鑫，等. 气-液-固三相搅拌槽反应器模型及模拟研究进展[J]. 化学反应工程与工艺，2014，30(3)：238-246.

[32] LUCHANSKY M S，MONKS J. Supply and demand elasticities in the U. S. ethanol fuel market[J]. Energy Economics，2009，31(3)：403-410.

[33] SHENG M P，SUN B C，ZHANG F M，et al. Mass-transfer characteristics of the CO_2 absorption process in a rotating packed bed[J]. Energy & Fuels，2016，30(5)：4215-4220.

[34] CHEN Y S，TAI C Y D，CHANG M H，LIU H S. characteristics of micromixing in a rotating packed bed[J]. Journal of the Chinese Institute of Chemical Engineers，2006，37(1)：63-69.

[35] MUNJAL S，DUDUKOVIĆ M P，RAMACHANDRAN P. Mass-transfer in rotating packed beds—Ⅱ. Experimental results and comparison with theory and gravity flow[J]. Chemical Engineering Science，1989，44(10)：2257-2268.

[36] RAO D P，BHOWAL A，GOSWAMI P S. Process intensification in rotating packed beds (HI-GEE)：an appraisal[J]. Industrial & Engineering Chemistry Research，2004，43(4)：1150-1162.

[37] 陈建峰. 超重力技术及应用：新一代反应与分离技术[M]. 北京：化学工业出版社，2002.

第**8**章
电场强化技术

8.1 概述

传统的电能在化学工业中应用广泛,从作为过程服务的公用工程,到涉及氧化还原机制的电化学合成的直接应用,如湿法冶金工业等。然而,许多传统的应用涉及的电能使用效率较低,其中电能不能直接提供给目标系统。例如,在搅拌系统中,电能主要用于搅拌或供热/制冷,导致输入的电能只有一小部分用于最终使用。为了提高能源效率,人们致力于研发将电场和电场力直接应用于反应化学和质量/热量传递方面。

电能作为湿法冶金行业中电解体系的直接能量输入源,具有广泛的研究和应用,例如脉冲电场、混沌电场等。另一方面,电解铜、电解锰、电解锌、电解镍等作为高载能工业,其能耗成本占比巨大,而节能减耗一直是国家的重要发展导向。此外,电解过程是远离平衡态的非线性过程,蕴含混沌、分形等非线性动力学行为,需要复杂性科学理论指导外控参数和内在非线性机制的耦合及匹配。本章就电场强化浸提技术、电场强化废水处理技术、混沌电流强化金属锰电沉积技术以及电场协同强化技术等做了部分介绍。

8.2 电场强化浸提技术

电场强化作为化工过程强化的一种,因其高效、绿色清洁等特点被广泛应用于冶金、废水处理等领域。电场强化技术对设备要求低,电化学反应简单,选择性高,电极耐损性强,是一种新颖并极具发展前景的化工过程强化的新方法。随着工业的发展,化工生产过程正朝着绿色化、智能化及高端化发展,传统化工过程面临革新换代,新型技术及工艺呼之欲出。在这样的时代背景之下,电场强化技术已经被越来越多的研究人员开发利用,电场强化技术也逐步开始普及至工业生产。目前电场强化技术主要应用在湿法冶金的浸出过程。

浸出又称为浸取、溶出、湿法分解及浸提技术。它是使用适当的溶液有选择性地与矿石、精矿焙烧料等固体物料中的一些组分发生化学作用并使其进入溶液。浸出是湿法冶金过程的重要步骤,几乎所有的稀有金属的生产流程均包含一个甚至多个浸出工序,浸出过程的效率、选择性及经济性在一定程度上就决定了整个湿法冶金过程的效益。浸出技术适用于处理金属品位低、细分散、组成复杂的矿石,以及精矿、表外矿、废矿石、矿渣及各种二次物料。浸出过程的操作简便,金属综合回收率高。不仅广泛用于黑色、有色、稀有、稀散金属及非金属矿物原料的加工,也是使未利用资源的资源化利用和解决"三废"问题的有效方法。

目前浸出过程的分类方案较多,不同行业倾向于不同的分类标准,最常见的分类标准有如下几种。

①按照操作过程的压力分类:根据浸取过程操作压力的不同可分为常压浸出和加压浸出。常压浸出适用于大多数化工过程,加压浸出对设备的要求及操作条件均较高,且能耗较高。

②按照使用设备分类:按照使用设备的分类大致可以分为有槽浸出、管道浸出、热球磨浸出等。

③按作业方式分类:按照作业方式分类可分为间歇浸出、连续浸出、流态化浸出、渗滤浸出以及堆浸和原地浸出等。

④按浸取剂分类:此种分类方法最为常见,大致分为酸浸、碱浸、氧浸、氯化浸出、氰化物浸出、络合物浸出及细菌浸出等。其中在湿法冶金领域最常见的是酸浸及碱浸。部分典型的浸出过程的反应式如下所示。

$$(Fe_x,Mn_{1-x})WO_4(s)+2NaOH(aq)\rule[0.5ex]{2em}{0.4pt}Na_2WO_4(aq)+xFe(OH)(s)+(1-x)Mn(OH)_2(s) \tag{8.1}$$

$$ZnS_2(s)+H_2SO_4(aq)+\frac{1}{2}O_2\rule[0.5ex]{2em}{0.4pt}ZnSO_4(aq)+S(s)+H_2O \tag{8.2}$$

$$Sb_2S_3(s)+6FeCl_3(aq)\rule[0.5ex]{2em}{0.4pt}2SbCl_3(aq)+6FeCl_2(aq)+3S(s) \tag{8.3}$$

$$Au+2SCN(NH_2)_2+Fe^{3+}\rule[0.5ex]{2em}{0.4pt}Au[SCN(NH_2)_2]^{2+}+Fe^{2+} \tag{8.4}$$

浸出过程是典型的固/液相间的非均相反应,非均相的特点是其反应速率取决于相界面的大小、浸取剂在两相界面内的浓度及浸取剂在相界面的传递速度等。电场的引入能够在溶液中形成强大的引力场,一方面能够促进溶液中带电粒子的移动从而促进离子的扩散过程强化传质作用,另一方面阳极能促进溶液中的氧化反应,而阴极能促进溶液中的还原反应的进行。因此,根据实际工艺条件,合理地引入电场进行过程强化能够提高生产的效率。以下将简要介绍电场强化在化工生产当中的一些具体应用。

8.2.1　电场强化锰矿浸出

1)电场强化软锰矿浸出

软锰矿是锰矿资源中一种重要的氧化锰矿石,常与硬锰矿紧密共生,其主要成分为 MnO_2,具有比较稳定的化学性质,它既不溶于酸也不溶于碱。以软锰矿为主要原料生产锰系产品的利用过程主要是将软锰矿中高价的 MnO_2 还原为低价酸溶性的 MnO,此还原过程能耗大,成本高,因此大量锰矿品位低于25%的软锰矿被闲置而得不到有效利用。软锰矿颜色从浅灰色至黑色变化,条痕呈蓝黑至黑色,有半金属光泽,断口不平整。随着我国对锰矿资源化利用的深入研究,发现采用湿法冶金的方法从软锰矿中浸出硫酸锰的技术具有污染小、工艺简单、成本较低等特点,因此成为国内锰矿资源开发企业与高校研究的热点。与传统的还原焙烧技术相比,软锰矿的湿法浸出技术具有耗能少、环境污染小和生产成本低等特点,因此成为国内外近几年研究的热点,同时该技术也符合我国可持续发展战略。该技术主要是将软锰矿与还原剂混合后,以硫酸直接浸出,浸出液经净化、除杂、静置等步骤,制得硫酸锰溶液。还原剂是该技术的核心,根据还原剂种类的不同,又可以分为两矿加酸还原浸出法、二氧化硫还原浸出法、生物质及碳水化合物还原浸出法、硫酸亚铁及铁还原浸出法等。其中通过电场的强化能够显著提高锰矿的浸出率,实现锰矿资源的深度化利用。

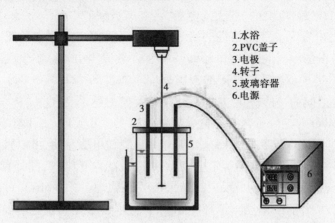

1.水浴
2.PVC盖子
3.电极
4.转子
5.玻璃容器
6.电源

图 8.1　电场强化浸出装置

马文瑞等人通过在浸出过程引入电场强化了软锰矿的浸出,通过研究发现,电场的引入可以加速 Fe^{3+} 向 Fe^{2+} 的转化,促进反应体系的离子迁移(图 8.1)。与无电场体系相比,在相同的浸出条件下,电场可以有效提高软锰矿中锰的浸出率,比无电场体系锰的浸出率提高了 10% ~ 20%(图 8.2)。

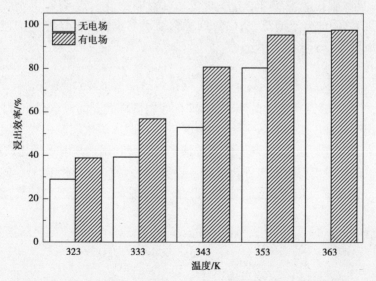

图 8.2　相同浸出条件下电场体系与无电场体系下的锰浸出率对比

电场强化软锰矿浸出过程的电极反应如下所示。

阳极反应(MnO_2/Fe^{2+}):

$$MnO_2 + 4H^+ + 2e^- \longrightarrow Mn^{2+} + 2H_2O \tag{8.5}$$

$$Fe^{2+} \longrightarrow Fe^{3+} + e^- \tag{8.6}$$

阴极反应(Fe^{3+}/FeS_2):

$$FeS_2 \longrightarrow Fe^{2+} + 2S + 2e^- \tag{8.7}$$

$$FeS_2 + 8H_2O \longrightarrow Fe^{2+} + 2SO_4^{2-} + 16H^+ + 14e^- \tag{8.8}$$

$$Fe^{3+} + e^- \longrightarrow Fe^{2+} \tag{8.9}$$

在浸出过程的初始阶段,作为决速步的反应式(8.7)相对较慢,导致 Fe^{2+} 浓度较少,从而使软锰矿还原浸出较慢。在此时,若引入电场,可加速黄铁矿中 FeS_2 的 Fe^{2+} 的溶出,式(8.8)中 FeS_2 产生的硫也将被氧化为可溶性的硫氧化合物,有效地消除了单质硫吸附在矿物颗粒表面阻碍进一步反应的影响。同时,在电场体系中,Fe^{2+} 还原浸出软锰矿生成的 Fe^{3+} 可在阴极上还原生成 Fe^{2+},Fe^{2+} 进一步加速软锰矿的浸出反应。通过 Fe^{2+}/Fe^{3+} 和 FeS_2 之间的电子传递,完成了 Fe^{2+} 与 Fe^{3+} 之间的快速转化,从而强化了软锰矿的还原浸出。

此外,结合 Luther 等的分子轨道理论也能够支持 Fe(Ⅱ)/Fe(Ⅲ) 循环作用机制。Luther 认为可溶的 Fe(Ⅱ)的电子结构为 t2g4eg2,具有高自旋和不稳定性,可以吸附在 MnO_2 表面与其发生反应生成 Fe^{3+}。同时,Fe(Ⅲ)有着 d5(t2g3eg2)的电子结构,同样具有不稳定性,可以与 FeS_2 中离解的配体 S_2^{2-} 发生配位反应。结果,Fe^{3+} 还原为 Fe^{2+} 与 MnO_2 分子发生进一步的碰撞反应从而实现了 Fe(Ⅱ)/Fe(Ⅲ) 循环,而 S_2^{2-} 氧化生成了更高价态的硫氧化合物如 SO_4^{2-}。另外,A. Schippers 等的研究结果也符合上述的 Fe(Ⅱ)/Fe(Ⅲ) 循环机制。Schippers 等研究发现 Fe^{2+} 与 MnO_2 的反应速率要快于 Fe^{3+} 与 FeS_2 的反应速率。因此,在无电场体系中,作为决速步的 Fe^{3+} 与 FeS_2 的反应速率相对较慢,而在电场体系中,电场可以促进 Fe^{3+} 与 FeS_2 的反应,实现软锰矿与黄铁矿的强化浸出。同时可以推断出,电子是通过 Fe(Ⅱ)和 Fe(Ⅲ)之间的电子载体穿梭于 FeS_2 与 MnO_2 分子之间实现氧化还原反应的。在软锰矿的还原浸出中,Fe^{2+} 和 Fe^{3+} 作为电子载体吸附在 FeS_2 表面上,然而在无电场体系下 FeS_2 表面单质硫的生成阻塞了 Fe(Ⅱ)和 Fe(Ⅲ)之间的电子通道,从而降低了软锰矿与黄铁矿分子之间的碰撞频率。电场强化软锰矿浸出机理如图 8.3 所示。

2)电场强化低品位锰矿浸出

随着我国高品位锰矿的不断开采和消耗,锰矿资源的品位逐渐降低,其开采、加工和利用的难度越来越大,突出表现为浸出效率降低、矿石处理量增大。同时锰矿组成越来越复杂,大量的低品位氧化锰矿难以实现有效利用,如何经济高效地从氧化锰矿中提取锰是目前研究的一个关键问题。通过电场强化,实现了低品位锰矿的深度利用。与电场强化软锰矿浸出类似,电场强化低品位锰矿浸出属于间接催化氧化,电场的引入促进了 Fe^{3+} 向 Fe^{2+} 的转化从而促进高价锰的还原。除此主反应外,还有副反应产生,副反应所产生的氢气同样能促进高价锰的还原。

$$主反应:Fe^{2+} \longrightarrow Fe^{3+} + e^- \tag{8.10}$$

$$副反应:2H_2O - 4e^- \longrightarrow O_2 \uparrow + 4H^+ \tag{8.11}$$

$$副反应:2H^+ + 2e^- \longrightarrow H_2 \uparrow \tag{8.12}$$

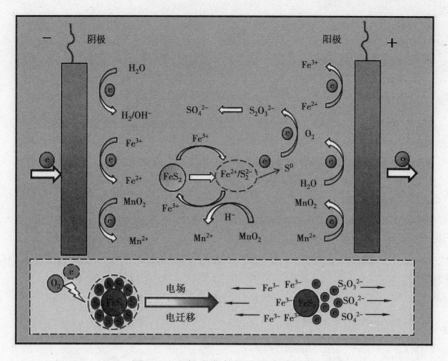

图 8.3　电场强化软锰矿浸出机理图

8.2.2　电场强化浸出提钒

钒是国家战略资源,广泛应用于航空航天、化学、电池、颜料和医药等众多领域,素有"工业维生素"之称。世界上将近 70% 的钒制品来自钒渣,钒渣提钒工艺的发展影响着整个钒行业的产量。通常钒渣提钒会经过焙烧火法过程及浸出的湿法过程以最大化提高钒的利用率。然而,由于钒以尖晶石结构赋存于钒渣中,且被硅酸盐及橄榄石相包裹,因此焙烧后的钒渣仍然有部分低价态的钒未被氧化。低价态的钒无论是在酸性溶液还是碱性溶液溶解度均较低,因此难以在浸出过程将这部分钒浸取至溶液当中,造成了资源的浪费。通过电场强化能够在浸出过程加速带电粒子的碰撞释放部分被包裹的钒,同时将低价的难以浸出的钒在阳极氧化溶解。在提钒工艺过程中通过电场的强化作用,钒的浸出率能够提高 5%～10%,对实现钒资源的高质化利用有着重要的意义。

通过研究发现,在浸出过程中施加电场能改变表面二氧化硅颗粒的电荷构型,进而改变外部硅胶颗粒表层电荷分布及带电粒子的运动。同时,电场的引入还增加了颗粒之间的相互排斥力,促进了运动颗粒之间的碰撞,从而促进 VO_3^- 的定向运动并加快了其扩散速度,通过将包覆在内的钒释放到水中有利于增强浸出效率。图 8.4 说明了这个过程。

此外,电场能促使水中的 H_2O 和 OH^- 吸附在金属阳极(MAO_x)的表面上,失去电子以产生羟基自由基($\cdot OH$),随后,电极表面上的羟基形成氧化中间体 $MAO(\cdot OH)$。

$$MAO_x + H_2O \longrightarrow MAO_x(\cdot OH) + H^+ + e^- \qquad (8.13)$$

$\cdot OH$ 以特定的方式通过金属阳极晶格,从而产生高化学价态氧化产物,如 $MAO_{(x+1)}$。

$$MAO_x + \cdot OH \longrightarrow MAO_{x+1} + H^+ + e^- \qquad (8.14)$$

这样,阳极表层附着有不同类型的"活性氧",一类是通过物理方法吸附活性氧,即羟基自

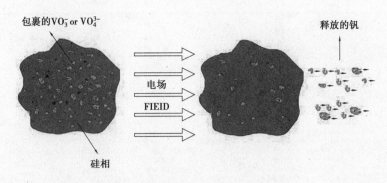

图 8.4 电场促进粒子迁移的原理图

由基。另一类是化学吸附的氧原子,它进入金属阳极的晶格。

当低价活性物质 X(碳基物质)进入浸出体系时,羟基自由基起主要作用。

$$X+MAO_a+b \cdot OH \longrightarrow CO_2+MAO_a+bH^++be^-$$ (8.15)

化学吸附氧则 MAO_{a+1} 起到电化学转化的作用,选择性氧化某些物质。

$$X+MAO_{a+1} \longrightarrow XO+MAO_a$$ (8.16)

宏观反应机理模型如图 8.5 所示。

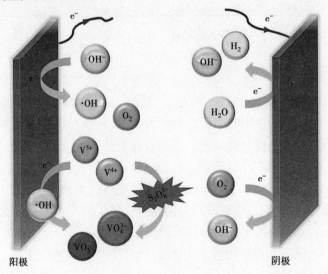

图 8.5 电催化氧化浸出机理

与电极板接触后,钒渣中的含钒低价态物质被氧化成易溶于水的高价态钒酸盐和羟基自由基($\cdot OH$)。

$$V_2O_4^{2-}+4OH^-+4 \cdot OH \longrightarrow 2VO_4^{3-}+4H_2O$$ (8.17)

$$V_4O_9^{2-}+10OH^-+4 \cdot OH \longrightarrow 4VO_4^{3-}+7H_2O$$ (8.18)

电解水的过程也产生了少许氧气泡,氧气也以低价氧化成钒。

$$V_2O_4^{2-}+4OH^-+O_2 \longrightarrow 2VO_4^{3-}+2H_2O$$ (8.19)

$$V_4O_9^{2-}+2OH^-+O_2 \longrightarrow 4VO_3^-+H_2O$$ (8.20)

8.2.3　电场强化其他有价金属浸出技术

电场强化技术除了应用于上述过程中锰及钒的湿法冶金过程以外,还广泛应用于难溶金矿中金的浸出及被重金属污染的固体废物中金属的浸出。未来电场强化技术将应用至化工过程的更多领域,同时,为了适应不同的化工工艺过程,未来电场强化技术也将注重设备的创新发展及新型电源的设计开发,打造不同的电场强化设备,实现理论创新到工艺创新再到设备创新的跨越式发展。

8.3　电场强化废水处理技术

目前废水处理的传统工艺一般有化学加药沉降法、离子交换法、膜分离法和生化处理等方法。但这些传统的处理工艺很难达到国家排放标准的要求,在环境保护方面面临严峻的挑战,有的工艺即使可以实现废水的达标排放,其投资成本和运行成本也给企业的生产经营造成很大压力。

电场强化废水处理技术是一种近年来才发展起来的颇具竞争力的新型处理废水的技术,通过外加电场的作用,对废水中的污染物实现净化或去除。该技术主要基于电化学原理,通过在废水处理过程中接入电流,在电场的作用下离子的运动得到加速从而促进了离子间的相互作用,使原本废水中有害物质通过电解过程在阴、阳两极上分别发生还原和氧化反应转化成为无害物质以实现废水净化。电场强化废水处理一般是使用电解槽,槽内装有极板,一般用普通钢板或涂有催化涂层的 Ti、Pb、Cu 或石墨极板制成,极板取适当间距,以保证电能消耗较少而又便于安装、运行和维修。电解槽按极板连接电源的方式分单极性和双极性两种,双极性电极电解槽的特点是中间电极靠静电感应产生双极性。这种电解槽较单极性电极电解槽相比,电极连接简单,运行安全,耗电量显著减少。阳极与整流器阳极相连接,阴极与整流器阴极相连接,通电后,在外电场作用下,阳极失去电子发生氧化反应,阴极获得电子发生还原反应。废水作为电解液,流入电解槽后在阳极和阴极分别发生氧化和还原反应,从而实现对废水中污染物的有效去除。电场强化废水处理技术的优点主要表现在以下几个方面:

①高效性:通过电场的强化作用,可以显著提高废水处理效率,减少处理时间。

②节能性:该技术不需要使用任何大量的氧化剂、絮凝剂等化学药品,也不需要高温高压等苛刻的反应条件,因此具有较低的能耗。

③环保性:通过有效去除废水中的污染物,生成物也不会产生二次污染,可以显著降低废水对环境和人类健康的危害。

④灵活性:电解设备体积小,占地少,操作简便灵活。同时该技术既可单独处理废水又可与其他技术或者生产线相结合,而且可以根据不同的废水类型和处理要求进行灵活的工艺设计和设备配置。

目前,电场强化废水处理技术已经在国内外得到了广泛的应用和验证,其应用领域包括工业废水、生活污水、医疗废水、含重金属废水等。同时,该技术在处理难降解有机物、高浓度氨氮废水等方面具有显著的优势,可以有效地解决传统废水处理技术难以处理的问题。总之,电场强化废水处理技术是一种具有广阔应用前景的新型废水处理技术,该技术也被称为清洁处理法。通过电场强化技术处理废水，系统运行成本明显降低，去除污染物的效果和企业经济效益显著，为实现废水治理提供了一条有效途径。未来，需要进一步深入研究和完善该技术，以提高其处理效率和稳定性，并降低成本和能耗，从而更好地服务于人类的环保事业。电场强化废水处理技术主要包括电场强化氨氮转化技术和电场强化催化反应技术两个部分。其中，电场强化氨氮转化技术主要是利用电场的作用，促进废水中的氨氮转化为无害的物质，如氮气等；而电场强化催化反应技术则是利用电场的作用，提高催化剂的活性或促进生成氧化还原介质，加速污染物的氧化还原分解。

8.3.1 电场强化氨氮转化技术

全球环境问题随着日益频繁的人类活动不断加剧，解决以城市污水、工业废水为主的水污染问题更是迫在眉睫。废水中含氮化合物浓度不断升高，尤其是氨氮含量的增高，加剧了水体富营养化，导致水库、湖泊水质下降，鱼虾及其他水生生物大量死亡，引发"水华""赤潮"和"黑臭水"等现象，严重破坏了生态环境。另外，硝化细菌分解氨氮时会产生亚硝酸盐，而亚硝酸盐会与人体蛋白质结合形成一种名为亚硝胺的致癌物质，这将会导致新生儿青紫、肺癌和胃癌，严重影响人体健康。氨氮是水环境中氮的主要形态，通常以游离氨（NH_3）和铵根离子（NH_4^+）两种形式存在，当水为碱性时以 NH_3 为主，水为酸性时以 NH_4^+ 为主。氨氮的来源分自然和人为两大类，其中人为产生的氨氮主要来源于城镇生活污水，畜禽养殖、种植和水产养殖的农业污水以及钢铁、炼油和化肥等工业废水，而 NH_4^+ 的存在，加大了城市给水厂的处理成本。因此，如何经济有效地控制氨氮污染保护水体环境，使其达到国家要求的排放标准已成为研究者们所面临的重大挑战。

处理氨氮污染物的方法有很多，目前主要有生物法、吹脱法、膜分离技术、化学沉淀法和离子交换法等。然而这些氨氮处理方法都有各自的局限性，如生物法占地面积大、运行条件较苛刻；吹脱法能耗大、出水氨氮较高；膜分离技术能耗高、过程复杂；化学沉淀法用药量大、成本高；离子交换法树脂用量大，再生难，容易造成二次污染等。因此，开发一种更为高效且经济可行的方法用于去除废水中的氨氮，是目前迫切需要的。

相较于物理、化学以及生物方法应用于氨氮废水的处理，电场强化氨氮转化技术具有操作简单、能耗低以及不需要添加额外添加剂等优点，因而广泛应用于废水的处理。作为一种新型的废水处理技术，电场强化氨氮转化技术的原理是利用电场的强化作用，加速废水中离子的定向运动，促进离子间的相互作用，进而提高氨氮的反应速率，促进废水中的氨氮转化为无害物质。电场强化处理氨氮分两种，第一种是利用电场作用，使氨氮直接在阳极板上失去电子发生氧化反应；第二种是依靠电解过程中产生的强氧化性中间产物氧化氨氮。第二种方法通常是引入氯离子对废水中的氨氮进行去除，在该体系中，部分氯离子在阳极板上被氧化成氯气，氯气溶于水形成次氯酸，溶液中的氨氮被次氯酸氧化成氮气。基于电化学动力学在氯离子存在体系中氨氮的去除反应途径可以简化为如下反应式：

$$NH_3(A) + [Cl] \cdot \xrightarrow{K_1} CA_1(B) \tag{8.21}$$

$$CA_1(B) + [Cl] \cdot \xrightarrow{K_2} CA_2(C) \tag{8.22}$$

$$CA_1(B) + CA_2(C) \xrightarrow{K_3} N_2 \tag{8.23}$$

其中,[Cl]·表示电化学反应过程中产生的活性物质(氯气、次氯酸、次氯酸根),CA_1、CA_2 表示反应过程中产生的中间物质。影响电场强化技术处理废水中氨氮的因素主要有电解温度、初始溶液 pH 值、电极材料以及氯离子浓度等。

温度升高能够增加反应速度,当电解时间设定为 1.5 h,溶液平均温度从 20.4 ℃增加到 44.9 ℃,氨氮的去除率从 55.0 %增加到 99.9 %。然而,在碱性条件下,过高的温度将会导致废水中氨氮以氨气形式逸出反应体系,同时过高的温度增加了处理费用,因此室温为最优温度。

当废水初始 pH 值从 3.0 增加到 10.0,氨氮去除率从 10.0 %增加到 86.0 %。然而,当废水 pH 值大于 10.0 时,废水中氨氮主要以 $NH_3·H_2O$ 存在,此时氨氮极易以氨气形式逸出废水。随着电解的进行,废水 pH 值急剧下降,当电解 3 h 后,废水 pH 值从 10.0 减少到 2.7,这是因为阳极产生的氯气溶于水释放出 H⁺,降低了体系 pH 值,具体反应方程如下:

$$2Cl^- \Longrightarrow Cl_2 + 2e^- \ (E_0 = +1.36 \text{ V}) \tag{8.24}$$

$$Cl_2 + H_2O \Longrightarrow HClO + H^+ + Cl^- \tag{8.25}$$

因此,应该在较高 pH 值条件下进行电化学处理,初始废水的 pH 值调节到 10.0 比较合适,既能保证氨氮的去除率,也不会导致氨氮以氨气的形式逸出废水,造成二次污染。

阳极材料在电场强化处理氨氮中显得至关重要,不同的阳极材料会有不同的电化学性能。通常是选取不锈钢和相同面积的 $Ti/SnO_2-IrO_2-RuO_2$ 作为阴阳极板。

在废水中引入氯离子一般是通过添加 NaCl 来实现的,这能够增加废水的导电性,随着 NaCl 浓度从 0.00 mol/L 增加到 0.01 mol/L,废水中氨氮去除率从 20.0 %增加到 99.9 %。综合各类因素,一般来说 NaCl 浓度选择 0.008 mol/L 比较合适。

目前国内锰渣大部分仍采用直接堆存的方式进行处置,锰渣中含有大量的锰和氨氮,其含量远超过国家安全排放标准,雨季时,锰渣渗滤液废水中的锰离子和氨氮随着雨水渗透到地下水,污染周边环境。而电场强化氨氮转化技术具有高效、节能、环保等优点,因此在处理含锰离子和氨氮废水领域具有广泛的应用前景。未来该技术可以在优化工艺参数、改进设备结构以及提高转化效率等方面进行深入研究,以实现其在工业废水处理领域的广泛应用。图 8.6 所示为重庆大学绿色化学化工研究中心研制的电化学废水处理装备。

图 8.6　重庆大学绿色化学化工研究中心研制的电化学废水处理装备

8.3.2 电场强化催化反应技术

电场强化催化反应技术主要是利用电解的基本原理去除废水中的污染物从而达到净化废水的效果。电解发生时,废水作为电解液,废水中污染物作为电解质通过电解在阴、阳两极上分别发生还原和氧化反应转化成为无害物质以实现废水净化。通常电解槽内装有极板,极板上根据需求涂覆各种催化组分从而加快污染物在氧化还原反应中的分解速度,提高废水处理的效率。电场强化催化反应被公认为是一种环保的氧化还原方法,因为危险和有毒的氧化还原试剂被电流取代,降低了总体能耗,并允许在温和的条件下进行反应。电场强化催化反应在实验室中有大规模的应用,在工业上也有一些应用。

电场强化催化反应技术处理废水的工艺流程主要包括3个步骤:预处理、电场强化催化反应和后处理。预处理主要是对废水进行物理和化学处理,去除大颗粒物质和溶解性有机物;电场强化催化反应是利用电场的作用,在电极的催化下,加速污染物的氧化还原反应;后处理主要是对反应后的废水进行进一步的处理,如活性炭吸附、生物过滤等。

与传统方法相比,电场强化催化反应具有反应迅速、操作简单、可控性好、无二次污染等特点,这使其已经成为一种成熟、高效和环境友好的,可以替代经典有机合成氧化还原的方法。根据反应机理的不同,电场强化催化反应可分为直接氧化法与间接氧化法。间接氧化法代表了电场强化催化反应的一种特殊情况,其中电子转移步骤从发生在电极上的非均相过程(直接氧化法)转移到可以提供电化学生成试剂或充当"氧化还原介质"的物质的均相过程。间接氧化法在电场作用下生成的氧化还原介质为反应提供了一种额外的控制手段,从而避免了过度氧化。因此,使用氧化还原介质来间接实现氧化还原过程越来越重要,因为与直接电解相比,它具有许多优点。例如,可以消除电极/电解质界面上的与电子转移相关的动力学抑制,并且可以实现更高或完全不同的选择性。在许多情况下,介质的电子转移可以在电位梯度下发生,这意味着需要较低的电位,从而减少发生副反应的可能性。此外,电子转移介质可以帮助避免电极表面聚合物膜形成导致的电极钝化。随着科技的发展,现在可以使用现代计算工具更有效和更有目的地设计和研究新型氧化还原催化介质。例如,在双介质系统中使用双相介质,对应选择性介质和使用固定化介质的多相电场强化催化。随着环保要求的不断提高和废水处理技术的不断创新,电场强化催化反应技术将会有更多的应用领域和市场空间。

8.4 混沌电流强化金属锰电解技术

实际的电解锰、电解铝、电解铜、电解钴、电解镍、稀土金属电解等高载能的工业,是远离平衡态的非线性过程,蕴含混沌、分形等非线性动力学行为,需要复杂性科学理论指导外控参数和内在的非线性机制的耦合及匹配,是实现过程强化与节能减排的关键所在。因多重电极反应耦合的非线性动力学调控规律研究缺乏,无法有效指导节能电解装备的研发和放大。

重庆大学绿色化学化工课题组基于非线性科学和非平衡态物理化学理论,以电解锰为高载能实验对象,开展了基于混沌电路的电解小试实验;研究了混沌电流调控金属锰电解过程电化学反应的规律;揭示了金属锰电沉积过程电化学混沌行为与节能电解强化机制;优化设计了混沌电路、电极与电解工艺参数,降低非功率电耗。

8.4.1　混沌理论及其应用

1963 年,美国气象学家 Lorenz 发现了第一个连续混沌系统,并用简单的模型获得了明确的非周期结果,解释了决定系统可能产生随机结果。随着研究的不断深入,人们发现混沌现象在气象、航空及航天等领域均广泛存在。混沌理论被认为是一种兼具质性思考与量化分析的方法,用来探讨动态系统中必须用整体、连续的而不是单一的数据关系才能加以解释和预测的行为,例如种群繁殖、人口移动、化学反应、气象变化、社会行为、机械振动、股票走势等。

田雨等为研究露天矿内排土场工后沉降规律,定义了内排土场下沉系数为地表最终沉降量与初始覆土高度的比值,并以内蒙古胜利一号露天矿内排土场为研究区域,采用小基线集技术进行了内排土场沉降监测,并在此基础上引入混沌理论中的相空间重构理论,最终结合二阶 Volterra 自适应滤波对沉降时间序列进行单步预测。在化学领域,夏大海等将混沌理论引入电化学噪声(electrochemical noise,EN)谱的数据解析,对有机涂层失效过程和应力腐蚀过程的 EN 数据进行分析,采用关联维数表征局部腐蚀过程,研究结果表明,当裂纹萌生和扩展时,关联维数数值增大,表明电化学噪声信号的不确定性与复杂性增加。此外,混沌理论在音乐领域也有广泛应用,赵志成等认为:音乐实际是一个时滞的非线性动力学系统,用传统手段难以分析音乐信号的非线性特征。其根据音乐的曲式结构中的小节对音乐信号进行划分,分析了音乐信号局部特征并由此总结推测其整体特征。通过计算分析音乐信号的功率谱和李雅普诺夫指数,验证了音乐信号的弱混沌特性。由于混沌信号的复杂性和初值敏感性,其在保密通信领域同样应用广泛。

与混沌系统一起,电路实现也取得了改进,混沌系统的电路实现有助于证实数值模拟,也表明了该系统的实用性。混沌电路是实现和观察混沌系统吸引子的重要方法之一,Sivaganesh 等对 MLC 电路的吸引子之间的切换中出现的混沌滞后现象进行了详细研究。通过数值模拟和解析进一步验证了混沌迟滞的实验实现。对于不同的初始条件,具有不同吸引子的混沌系统被称为多稳态。近年来,多稳态系统引起了人们的广泛关注。这些共存吸引子的同步模式通常根据吸引子的特征而不同,包含对称性的系统可以具有双对称吸引子。

自相似性的概念被广泛应用于应用科学的专业领域,作为分形和混沌理论的重要组成部分,自相似性可以在我们周围自然地表现出来,也可以使用数学论据和算法进行人工模拟。Dlamini 等利用分析、数值和实验电路元件来研究、分析和模拟具有多个涡旋的广义混沌吸引子系统。对模型参数的不同值进行了仿真,表明系统表现出分形特征和混沌行为相结合。该系统使用现场可编程门阵列(field programmable gate array,FPGA)板实现,产生了类似于数值结果的自相似结果。

8.4.2　混沌电路实现及其在电解金属锰中的应用

阴极板上锰枝晶不可控生长引起的短路是金属锰电沉积行业的主要潜在风险之一。此外,电解领域的能源利用效率非常低,这可能导致高能耗。因此,如何节约能源应该是电解企业急需解决的另一个重大问题。重庆大学绿色化学化工研究中心自 2012 年以来一直致力于锰资源高效提取和综合利用的探索,其中包括首次发现电化学振荡现象,以及对电化学振荡行为调控方法的相应探索,例如脉冲电流调控和混沌电流调控金属锰枝晶生长行为。

1)新三维多稳态混沌系统的设计

新建立的三维共存吸引子混沌系统由方程式(8.26)给出。新系统的基本动力学特性是新混沌系统最关心的问题之一。在(x,y,z)到$(-x,y,-z)$的变换下,系统(1)是不可改变的,这意味着系统相对y轴是对称的,并且这种对称性适用于所有系统参数。通过 MATLAB(MATLAB 2014b)计算的系统(1)的这些共存吸引子的三相图如图 8.7 所示。结果表明,三种共存的混沌吸引子在结构上存在明显的差异。蓝色的吸引子 A1 和红色的吸引子 A2 具有明显的对称结构,而 A3 本身具有类似对称的结构。

$$\dot{x} = ayz - dx$$
$$\dot{y} = 1 - bz^2$$
$$\dot{z} = x + cyz$$

$$(8.26)$$

其中,a、b、c 和 d 是系统参数,当 $a=5$、$b=2$、$c=1.5$、$d=0.65$ 时,系统是混沌的。

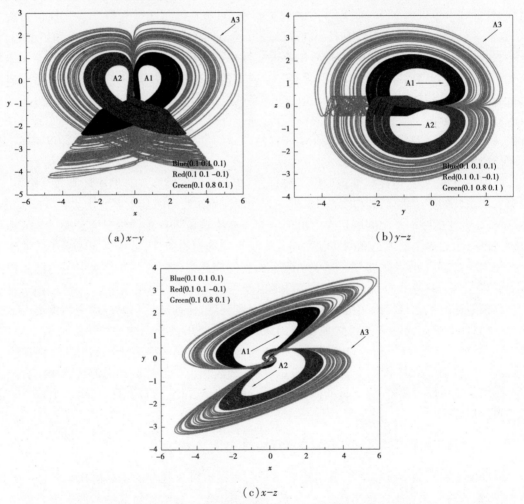

(a)$x-y$

(b)$y-z$

(c)$x-z$

图8.7　新的三维共存吸引子混沌系统的相图

蓝色混沌吸引子表示初始值 $x_0=0.1$,$y_0=0.1$,$z_0=0.1$,编号为 A1;红色混沌吸引子表示初始值为 $x_0=0.1$,$y_0=0.1$,$z_0=-0.1$,编号为 A2;绿色混沌吸引子表示初始值 $x_0=0.1$,$y_0=0.8$,$z_0=0.1$,编号为 A3。

2）新三维多稳态混沌系统李雅普诺夫指数计算

如果最大李雅普诺夫指数大于 0，通常可以定义混沌系统。这里用 Benettin 方法计算了系统（1）的最大李雅普诺夫指数，其最大李雅普诺夫指数为 0.18，这意味着系统是混沌的。图 8.8 表示参数 a 对系统（1）的最大李雅普诺夫指数的影响。研究表明，随着参数 a 的变化，混沌系统具有多重状态，包括稳定状态、周期状态和混沌状态。计算参数 a 的各种值的系统（1）的相图，结果如图 8.8 所示。可以看出，对于参数 a 的变化，系统有多种周期和混沌状态，这意味着混沌系统具有复杂的变化过程。此外，当 $a=2.8$、$a=2.5$ 和 $a=4$ 时，还出现了 3 种共存的混沌吸引子。

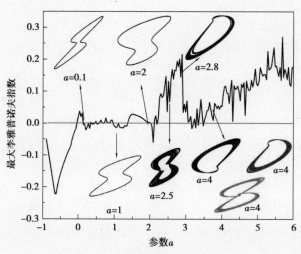

图 8.8　受参数 a 影响的系统最大李雅普诺夫指数

3）新三维多稳态混沌系统分岔图分析

图 8.9 为混沌系统随参数变化的分岔图。可以看出，系统具有非常丰富的动态特性。系统逐渐从稳定走向周期性，最后走向混沌，这与图中参数 a 的李雅普诺夫指数的变化一致。周期分岔是混沌系统的主要演化过程，参数 b 的变化对系统（1）的性质没有明显影响，系统总是保持混沌状态。代表混沌的周期 3 窗口可以在图中清楚地看到。此外，分岔图的结构与 Logistic 映射等离散混沌动力学系统也非常相似。

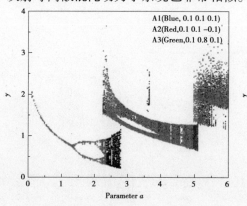 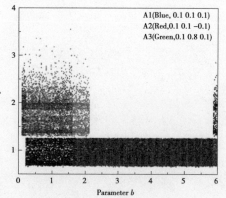

（a）系统（1）的 y 数据随参数 a 变化的分岔图　　　　（b）随参数 b 变化的分岔图

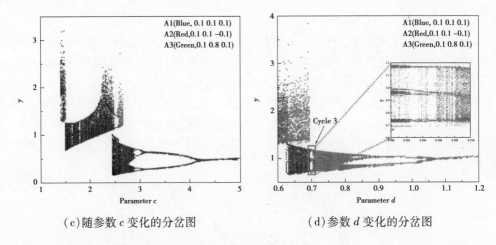

（c）随参数 c 变化的分岔图　　　　　　　（d）参数 d 变化的分岔图

图 8.9　混沌系统分岔图

4）庞加莱截面

计算庞加莱截面是为了便于观察系统（1）的动态行为，如图 8.10 所示。在给定的一组参数下，选择相空间中的 3 个平面：y-z（$x=0$）、x-z（$y=0$）和 x-y（$z=0$），作为庞加莱截面。可以观察庞加莱截面上的截面点来确定系统是否混沌。当庞加莱截面只有一个点时，该系统是周期 1 系统；当庞加莱截面变为两个点时，系统是周期 2 系统；当庞加莱截面接近曲线时，系统很可能是准周期运动；当庞加莱截面是一个几何图案时，它通常是混沌运动。图 8.10 中的庞加莱截面显示了一些具有分形结构的密集点。分形图案清晰可见，这进一步表明系统此时的运动是混沌的。

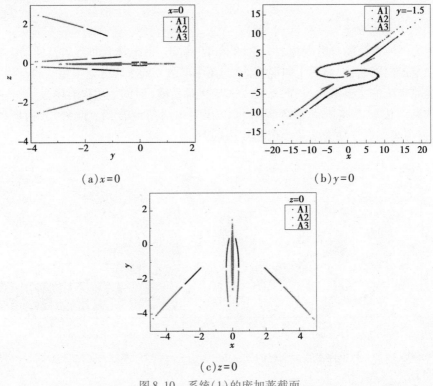

（a）$x=0$　　　　　　　（b）$y=0$

（c）$z=0$

图 8.10　系统（1）的庞加莱截面

5）吸引域

3 种不同类型的吸引子共同存在于这个简单的系统中,每种吸引子都在状态空间的不同部分控制着动力学。结果表明,系统(1)吸引盆的边界确实具有分形结构。在这些部分上,系统(1)的 3 个奇怪吸引子的吸引盆分别由蓝色(A1)、红色(A2)和黄色(A3)表示。吸引盆随着不同的平面逐渐变化,如图 8.11 所示,这使得吸引盆边界的估计变得困难。它有两个无限放大的结构,仍然保持着与以前相似的吸引涡流。

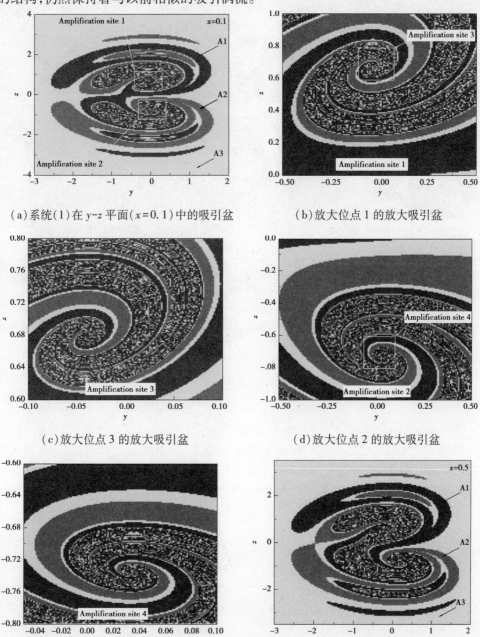

（a）系统(1)在 y-z 平面($x=0.1$)中的吸引盆　　　（b）放大位点 1 的放大吸引盆

（c）放大位点 3 的放大吸引盆　　　（d）放大位点 2 的放大吸引盆

（e）放大位点 4 的放大吸引盆　　　（f）系统(1)在 y-z 平面($x=0.6$)中的吸引盆

图 8.11　混沌系统多稳态吸引盆

6）电路仿真

利用 Multisim 软件对系统(1)的模拟电路进行设计和仿真。系统包含 3 个加法器、3 个乘法器、3 个反相器和 3 个积分器,它们对应的输出是 x、y 和 z。图 8.12 表示电路仿真的相应信号图和相位图。结果表明,随着 R18 的变化,相应的极限环、环2、环4 和共存的混沌吸引子也能出现在电路图中,如图 8.13 所示。

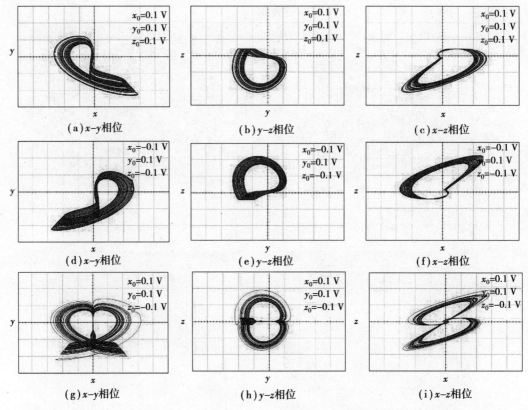

图 8.12　Multisim 计算的新型三维混沌系统的相图

（a）（b）（c）表示混沌吸引子 A1,电容器的初始电压为 $x_0=0.1$,$y_0=0.1$,$z_0=0.1$;（d）（e）（f）表示混沌吸引子 A2,电容器的初始电压为 $x_0=-0.1$,$y_0=0.1$,$z_0=-0.1$;（g）（h）（i）表示混沌吸引子 A3,电容器的初始电压为 $x_0=0.1$,$y_0=0.1$,$z_0=-0.1$。

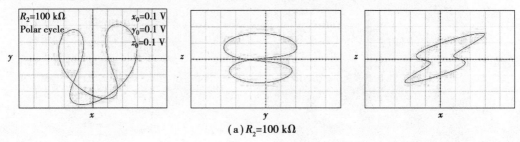

（a）$R_2=100\ \text{k}\Omega$

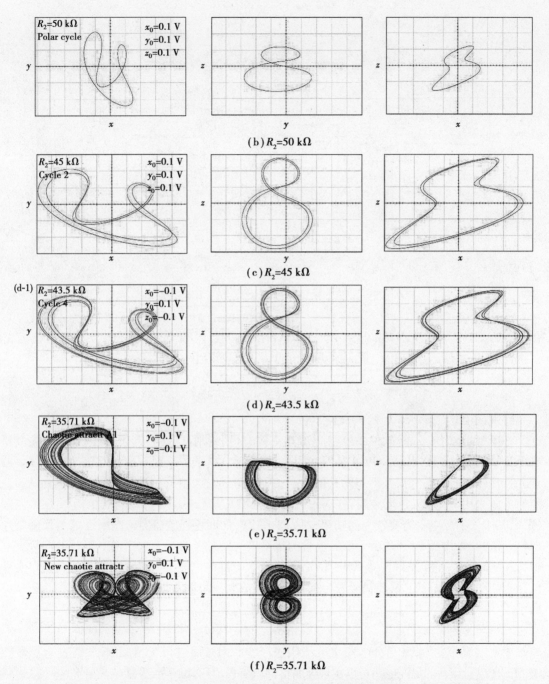

图 8.13　Multisim 计算的新的三维混沌系统的相图

7）电流放大模块设计

电流放大的功能主要是用三极管来实现，由于混沌信号源的内随机性与非周期定常态特性，使得对混沌电流的放大模块设计更具有挑战性。如果直接在混沌信号源中接入三极管，可能会发生波形失真或者信号自激的现象。因此，需要额外添加电压跟随器模块、低通滤波模块与电流串联负反馈模块来调节混沌电流，电流放大电路原理图和流程图分别如图 8.14 和图 8.15 所示。

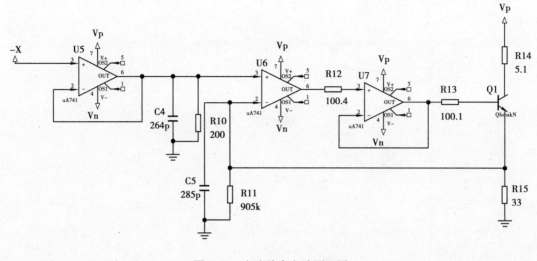

图 8.14　电流放大电路原理图

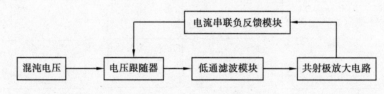

图 8.15　电流放大电路流程图

8）混沌电路的实现和电流输出

基于 Altium Designer 软件来绘制 PCB 电路图,分别绘制可调幅、调频、调偏置的混沌电路与电流放大电路的 PCB 板。PCB 板图如图 8.16 所示。板子中绘制与导入元器件封装都是按照元器件的引脚数量和尺寸严格筛选的。乘法器与运算放大器分别选择 AD633JN 与 UA741,定值电阻采用 1/4W 五色环金属膜电阻,可调电阻采用 WH148B 旋钮式电位器,主要用来调幅调频,其中发射极电阻需要较大的功率,所以采用 2W 的四色环碳膜定值电阻。电容采用瓷片电容,三极管采用 2SD1264,由于该三极管的集电极与发射极的最大电压 V_{ceo} 为 150 V,最大电流 I_{ceo} 为 2 A,放大倍数 hFE 为 100～240 倍,十分契合混沌电流放大装置。电流放大模块实际电路板如图 8.17 所示。混沌信号发生模块与电流放大模块同步波形信号的采集图如图 8.18 所示。

9）混沌电解实验

固定电流密度为 350 A/m^2,将电沉积阴极产物和阳极泥进行了相关测试,通过金相显微镜测试可以看出新的混沌电路可以实现金属锰的电沉积,且有助于减少锰枝晶的产生。图 8.19 分别为不同电流模式下所制备的金属锰形貌和金相显微镜拍摄图片,可以看出,混沌电解所沉积的金属锰片表面具有更少的颗粒枝晶。

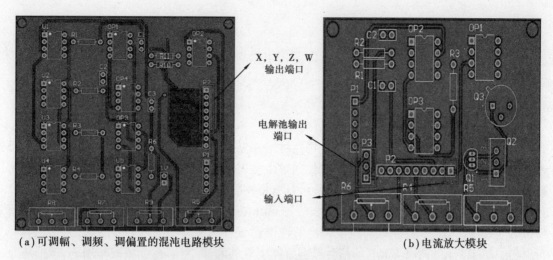

（a）可调幅、调频、调偏置的混沌电路模块　　　　（b）电流放大模块

图 8.16　PCB 板的顶层绘制图

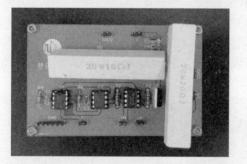

图 8.17　电流放大模块实际电路板

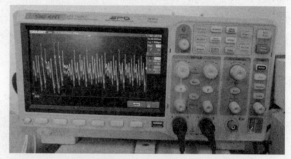

图 8.18　混沌信号发生模块与电流放大模块同步波形信号采集图

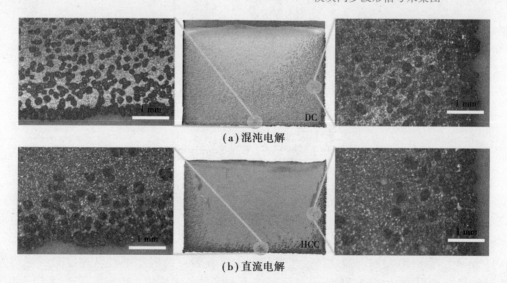

（a）混沌电解

（b）直流电解

图 8.19　混沌电解与直流电解效果对比

8.5　电场协同强化技术

8.5.1　电场协同强化传热技术

目前,主动强化传热技术、被动强化传热技术和复合强化传热技术的微细通道强化传热技术被越来越多的研究人员所关注。在微细通道中引入电场、声场、磁场等外加物理场来强化传热是主动强化传热技术,这种强化传热技术具有可控制的输入能量和调整方向的优点。

Saad 等建立了一个电流体动力学(electro-hydro dynamics,EHD)槽式微型扁平热管(FMHP)的数值模型,如图8.20所示。将两种微通道形状视为轴向毛细管结构:方形槽和三角形槽。对于两种凹槽形状,电场都会影响液体蒸气的曲率半径,在电场的作用下,该曲率半径在冷凝器中减小,在蒸发器中增大。液体和蒸气的速度也受到EHD效应的影响。电场对速度的影响取决于FMHP区域。实验还表明,电场增加了蒸气压降;然而,它降低了液体压降。液体壁和蒸气壁的黏性力以及剪切液体-蒸气力都受到电场的影响。对电力的分析表明,作用在液-气界面上的介电电泳力占主导地位,其数量级远高于库仑力。最后,还证明了对于两种凹槽形状,毛细管极限都随着电场的增加而增加。

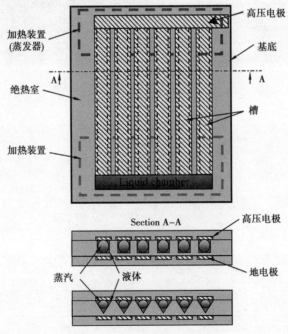

图8.20　两种凹槽形状的电极布置

Li 等研究了EHD对向上流动微通道散热器中4种表面结构和不同热通量的气泡行为和增强散热机制的影响,如图8.21所示。采用直接金属激光烧结的方法制备了3种不同的微通道结构和微腔阵列。对纳米流体(SiO_2-R141b)在不同非均匀电场下进行了流动沸腾实验,引入方差分析的均匀性检验方法,分析设计和运行参数对传热的影响。进一步发现微腔和电场的耦合作用可以提高沸腾传热效率。可视化显示,在电场作用下,离开微腔的小气泡直径增大。在气泡流动区,由于电场的作用,气泡在金属丝电极和加热壁之间摆动。此外,还讨论了电场作用下沿加热壁流动的小气泡的扰动机制。结果表明,下游密集、上游稀疏分布的微凹腔阵列对传热系数有较大影响,尤其是在电场作用下。在给定的流动条件下,获得了最大合成增强因子。此外,通过非线性回归方程提出了一个新的预测方程,考虑了微凹腔分布和电场因素对传热性能的影响,该相关性可以在 ±10% 的误差范围内很好地预测非均匀微凹阵列影响的 HTC。

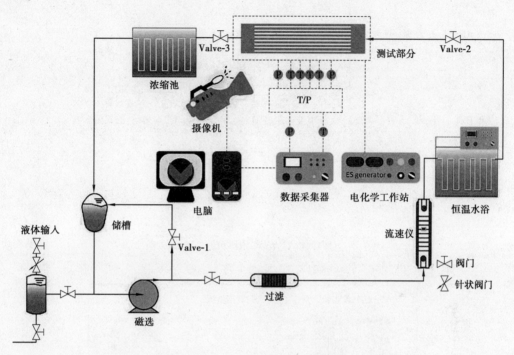

图 8.21　文献中实验系统示意图

为了实现高性能的技术,需要研究由于脂肪酸分子在传热界面中强烈吸附在金属表面而引起的电场下的传热特性。Tamura 等使用课题组自制的实验装置检查了接触界面的传热行为的变化,如图 8.22 所示。在对由高温和低温金属体组成的实验装置的界面处的脂肪酸薄层施加电场的情况下,评估了传热特性。在两个金属体之间施加直流电压。在传热试验过程中,金属内部的温度发生变化。

8.5.2　电场磁场协同强化技术

电磁协同油水分离是一种高效、脱水周期短、现场参数控制灵活的深度脱水技术,是一种比单一交流电场(ACEF)更有效的物理方法。Guo 等制备了一系列具有不同表面张力的 Triton X-100 吸附液滴,并比较了在 ACEF 和电磁协同(EMSF)下液滴的临界聚结电强度(E_c),如图 8.23 所示。微高速实验表明,在 EMSF 条件下液滴的 E_c 高于在 ACEF 条件下;在 ACEF 和 EMSF 下,电强度 E_c 随界面张力 γ 的增加而增加。

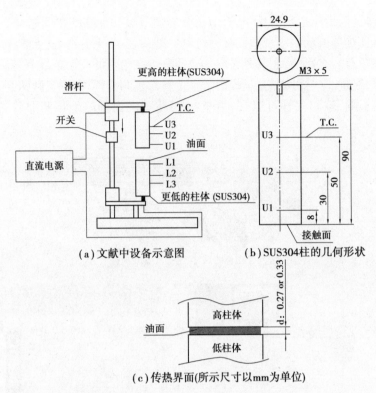

（a）文献中设备示意图 （b）SUS304柱的几何形状

（c）传热界面（所示尺寸以mm为单位）

图8.22 文献中的设计图

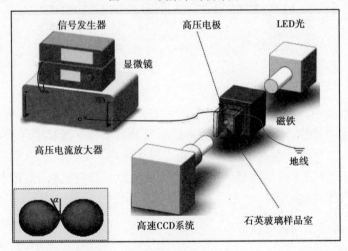

图8.23 文献中试验台示意图

Guo团队以不含胶质和沥青质的非导电硅油为连续相,可以排除磁化和洛伦兹力对连续相的影响,探讨电场和磁场协同脱水的机理,如图8.24所示。首先,对液滴的粒径进行了表征。结果表明,分散相分布均匀,平均粒径为18.24 μm。然后,比较了不同类型外场的脱水性能。实验结果表明,交流电场与磁场相结合的脱水性能优于单一交流电场。交流电场和磁场的脱水性能优于直流电场和磁场,在此基础上,提出了交流极化电磁力理论。最后,探讨了磁场强度对脱水性能的影响,包括脱水深度和脱水速度,得出了本实验的最佳磁场强度范围。

FeRh基复合多铁性材料因其在未来纳米器件技术中的广泛应用而引起了科学界的极大

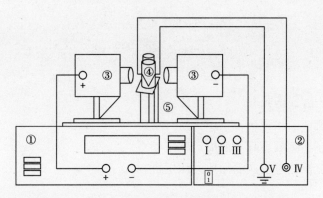

图 8.24　实验装置示意图

①电场激励模块;②磁场激励模块;③电磁铁;④样品室;⑤支架

兴趣。Lengyel 等通过单一或组合的外部刺激,如热、磁场或电场,对 FeRh/BaTiO$_3$ 异质结构中超磁相变的深度依赖性进行了全面的研究。掠入射核散射实验揭示了不同效应引起的反铁磁/铁磁重排机制的显著差异,上界面和下界面的作用不同。

Zhang 等研究了电场和纳米流体耦合,以增强微通道中的流动沸腾传热,探索了纳米颗粒质量浓度、表面活性剂类型和电场下质量浓度对纳米流体流动沸腾传热的影响,如图 8.25 所示。结果表明,在没有电场的情况下,纳米流体流动沸腾的气泡比 R141b 更小、更离散。在电场作用下,气泡尺寸减小,气泡数量增加,这表明电场和纳米流体对气泡行为的协同作用是有效的。

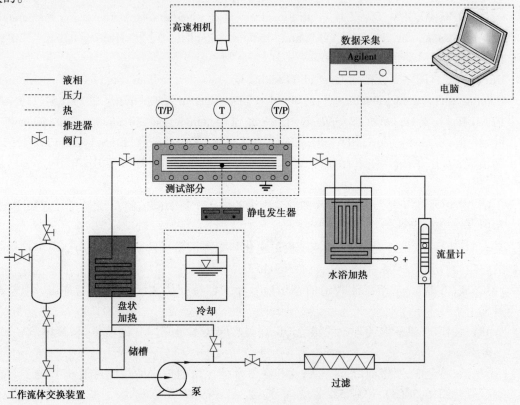

图 8.25　文献中实验装置

思考题与课后习题

1. 混沌系统具有哪些特性?
2. 自然界中有哪些混沌现象?
3. 混沌理论在哪些领域有具体的应用?
4. 思考混沌电流调控电解产品品质的深层机制。

参考文献

[1] ZHANG J X, LUO X P, WANG L F, et al. Combined effect of electric field and nanofluid on bubble behaviors and heat transfer in flow boiling of minichannels[J]. Powder Technology, 2022, 408: 117743.

[2] SCHIPPERS A, JØRGENSEN B B. Oxidation of pyrite and iron sulfide by manganese dioxide in marine sediments[J]. Geochimica et Cosmochimica Acta, 2001, 65(6): 915-922.

[3] LUTHER G W. Pyrite oxidation and reduction: Molecular orbital theory considerations[J]. Geochimica et Cosmochimica Acta, 1987, 51(12): 3193-3199.

[4] DENG R R, XIE Z M, LIU Z H, et al. Enhancement of vanadium extraction at low temperature sodium roasting by electric field and sodium persulfate[J]. Hydrometallurgy, 2019, 189: 105110.

[5] DENG R R, XIE Z M, LIU Z H, et al. Leaching kinetics of vanadium catalyzed by electric field coupling with sodium persulfate[J]. Journal of Electroanalytical Chemistry, 2019, 854: 113542.

[6] PENG H, LIU Z H, TAO C Y. Selective leaching of vanadium from chromium residue intensified by electric field[J]. Journal of Environmental Chemical Engineering, 2015, 3(2): 1252-1257.

[7] 陶长元, 刘作华, 范兴. 电解锰节能减排理论与工程应用[M]. 重庆: 重庆大学出版社, 2018.

[8] 田雨, 雷少刚, 卞正富. 基于 SBAS 和混沌理论的内排土场沉降监测及预测[J]. 煤炭学报, 2019, 44(12): 3865-3873.

[9] 夏大海, 宋诗哲, 王吉会. 基于混沌理论的电化学噪声谱数据解析及其在局部腐蚀检测中的应用[J]. 化工学报, 2018, 69(4): 1569-1577.

[10] 赵志成, 方力先. 基于混沌理论的音乐信号非线性特征研究[J]. 振动与冲击, 2019, 38(3): 39-43.

[11] 印曦, 黄伟庆. 基于混沌理论的彩色 QR 编码水印技术研究[J]. 通信学报, 2018, 39(7): 50-58.

[12] 禹思敏, 吕金虎, 李澄清. 混沌密码及其在多媒体保密通信中应用的进展[J]. 电子与信息学报, 2016, 38(3): 735-752.

[13] 刘林芳, 芮国胜, 张洋, 等. 基于相空间对称 Lorenz 阵子群的混沌保密通信研究[J]. 通信

学报,2019,40(5):32-38.

[14] 刘乐柱,张季谦,许贵霞,等.一种基于混沌系统部分序列参数辨识的混沌保密通信方法[J].物理学报,2014,63(1):32-37.

[15] SIVAGANESH G,SRINIVASAN K,FOZIN T F,et al. Emergence of chaotic hysteresis in a second-order non-autonomous chaotic circuit [J]. Chaos, Solitons & Fractals, 2023, 174:113884.

[16] WANG Z,PARASTESH F,TIAN H G,et al. Symmetric synchronization behavior of multistable chaotic systems and circuits in attractive and repulsive couplings[J]. Integration,2023,89:37-46.

[17] DLAMINI A,DOUNGMO GOUFO E F. Generation of self-similarity in a chaotic system of attractors with many scrolls and their circuit's implementation[J]. Chaos,Solitons & Fractals,2023,176:114084.

[18] LU J M,DREISINGER D,GLÜCK T. Manganese electrodeposition:A literature review[J]. Hydrometallurgy,2014,141:105-116.

[19] PADHY S K,PATNAIK P,TRIPATHY B C,et al. Electrodeposition of manganese metal from sulphate solutions in the presence of sodium octyl sulphate[J]. Hydrometallurgy,2016,165:73-80.

[20] LU J M,DREISINGER D,GLÜCK T. Electrolytic manganese metal production from manganese carbonate precipitate[J]. Hydrometallurgy,2016,161:45-53.

[21] XU F Y,JIANG L H,DAN Z G,et al. Water balance analysis and wastewater recycling investigation in electrolytic manganese industry of China:A case study[J]. Hydrometallurgy,2014,149:12-22.

[22] ZHANG W S,CHENG C Y. Manganese metallurgy review. Part I:Leaching of ores/secondary materials and recovery of electrolytic/chemical manganese dioxide [J]. Hydrometallurgy,2007,89(3/4):137-159.

[23] FAN X,XI S Y,SUN D G,et al. Mn-Se interactions at the cathode interface during the electrolytic-manganese process[J]. Hydrometallurgy,2012,127:24-29.

[24] FAN X,HOU J,SUN D G,et al. Mn-oxides catalyzed periodic current oscillation on the anode [J]. Electrochimica Acta,2013,102:466-471.

[25] XIE Z N,LIU Z H,ZHANG X J,et al. Electrochemical oscillation on anode regulated by sodium oleate in electrolytic metal manganese[J]. Journal of Electroanalytical Chemistry,2019,845:13-21.

[26] XIE Z N,LIU Z H,TAO C Y,et al. Production of electrolytic manganese metal using a new hyperchaotic circuit system[J]. Journal of Materials Research and Technology,2022,18:4804-4815.

[27] 罗小平,杨书斌,张超勇,等.电场与声场协同作用下微细通道流动沸腾传热特性[J].中南大学学报(自然科学版),2022,53(10):4150-4164.

[28] SAAD I,MAALEJ S,ZAGHDOUDI M C. Modeling of the EHD effects on hydrodynamics and heat transfer within a flat miniature heat pipe including axial capillary grooves[J]. Journal of

Electrostatics,2017,85:61-78.

[29] LI T F,LUO X P,HE B L,et al. Flow boiling heat transfer enhancement in vertical minichannel heat sink with non-uniform microcavity arrays under electric field[J]. Experimental Thermal and Fluid Science,2023,149:110997.

[30] TAMURA S,SASAKI C. Heat transfer enhancement in fatty acid layer at the interface of two metallic bodies by applying DC electric field[J]. Journal of Electrostatics,2023,122:103792.

[31] GUO K,BAI Y,YUAN F,et al. Critical coalescence electric intensity of water droplets adsorbing surfactant molecules under electromagnetic synergy field[J]. Chemical Engineering and Processing - Process Intensification,2023,191:109481.

[32] GUO K,LV Y L,HE L M,et al. Experimental study on the dehydration performance of synergistic effect of electric field and magnetic field[J]. Chemical Engineering and Processing-Process Intensification,2019,142:107555.